计算机技术应用及创新发展

李伦飞　冯建云　刘　明　著

汕頭大學出版社

图书在版编目（CIP）数据

计算机技术应用及创新发展 / 李伦飞，冯建云，刘明著. -- 汕头 : 汕头大学出版社，2022.4
ISBN 978-7-5658-4588-8

Ⅰ．①计… Ⅱ．①李… ②冯… ③刘… Ⅲ．①电子计算机－研究 Ⅳ．①TP3

中国版本图书馆CIP数据核字(2021)第274268号

计算机技术应用及创新发展
JISUANJI JISHU YINGYONG JI CHUANGXIN FAZHAN

作　　者：李伦飞　冯建云　刘　明
责任编辑：邹　峰
责任技编：黄东生
封面设计：道长矣
出版发行：汕头大学出版社
　　　　　广东省汕头市大学路243号汕头大学校园内　邮政编码：515063
电　　话：0754-82904613
印　　刷：廊坊市海涛印刷有限公司
开　　本：710mm×1000mm　1/16
印　　张：10
字　　数：160千字
版　　次：2022年4月第1版
印　　次：2024年1月第1次印刷
定　　价：46.00元

ISBN 978-7-5658-4588-8

编委表

主　编

李伦飞 (湖南吉首大学软件学院)

冯建云 (山西工程科技职业大学)

刘明 (大连大学)

副主编

黄礼强 (广东飞和信息科技有限公司)

遇莹 (辽宁省劳动经济学校)

王珍 (黑龙江省鹤岗市萝北县职业技术教育中心学校)

章荣燕 (贵州烟叶复烤有限责任公司)

陈文明 (东明县人力资源和社会保障局)

白明宇 (内蒙古民族大学)

唐燕云 (河北省机电工程技师学院)

张国帅 (冠县新华医院)

王永强 (吉林省临江市桦树镇中心小学)

编　委

木又青 (联勤保障部队大连康复疗养中心)

前　言

在信息技术与人们日常生活高度融合的今天，熟练使用计算机、应用计算机网络已经成为当今社会各年龄层次的人群应该掌握和了解的基本技能。近年来，党中央、国务院也高度重视信息化工作，更是将网络安全和信息化提升到国家战略的高度，提出实施网络强国战略、大数据战略、"互联网＋"行动等一系列重大决策，开启了信息化发展新征程，为全面提升国民信息技术应用能力、迈向信息化社会奠定了坚实的基础。

在网络信息时代全面到来的背景下，我国计算机网络技术在我国得到快速发展和普及。在此环境下，我国教育结构和教学方式也发生了很大变化，计算机技术在课堂教育中的应用越来越普遍。正因为有计算机技术的融入，当前我国课堂教学内容越来越丰富，教学方式日益多元化，增加了课堂教学的趣味性和活力，改变了传统教师"一言堂"的枯燥教学理念和方式。计算机技术在教育领域的应用，有助于教学重难点的解决，对于我国教育事业的发展具有重要推动作用。

现阶段，我国医疗行业也离不开计算机技术，"互联网＋"的普及让就医难、难就医的问题得到了实质性的解决，实现了线上预约挂号与医疗卫生领域的智能化。

计算机技术在教育、医疗等行业的应用已经非常广泛，随着乡村振兴的不断推进，计算机技术也不断被应用于农业现代化的发展。从传统生产方式到现代化、规模化、机械化的生产方式，从原来"靠天吃饭"的种植理念到现在利用智能化监测系统实现的科学化、专业化种植，从线下销售到线上直播销售，现代化农业的发展离不开计算机技术。

基于此，本书以计算机技术为主线，阐述了计算机技术的基础知识，包括计算机网络技术、计算机数控技术、计算机通信技术、计算机图形技术，

1

多维度地分析了计算机技术在教育行业、医疗行业及农业现代化中的创新应用与发展，论述了人工智能技术的具体应用，对新型网络安全技术进行了深入的分析和探讨。本书旨在通过对计算机技术的实践应用与创新研究，促进新时期计算机技术的智能化发展，强化网络信息安全，加强计算机技术与各个行业领域的有效融合发展。

目　录

第一章　计算机技术概述

第一节　计算机网络技术

一、计算机网络的定义和分类

(一) 计算机网络的定义

从不同的角度看，计算机网络有着不同的定义。从物理结构看，计算机网络被定义为"在网络协议控制下，由多台计算机、终端、数据传输设备及通信设备组成的计算机复合系统"；从应用目的看，计算机网络是"以相互共享资源 (软件、硬件和数据) 的方式连接起来，且各自具有独立功能的计算机系统的集合"。

一种比较通用的计算机网络的定义为"将地理位置不同的、具有独立功能的多台计算机及其外部设备，通过通信线路和通信设备连接起来，在网络操作系统、网络管理软件及网络通信协议的管理和协调下，实现资源共享和数据通信的计算机系统"。

计算机网络的定义涉及以下 4 个要点。

第一，计算机网络中包含两台以上的地理位置不同、具有独立功能的计算机。联网的计算机称为"主机"(也称为"节点")，但网络中的节点不仅是计算机，还可以是其他通信设备，如交换机、路由器等。

第二，网络中各节点之间的连接需要使用一条通道，这条通道通常由传输介质提供，即传输介质实现物理互连。

第三，要使网络中各节点之间能够互相通信，除了要有网络操作系统、网络管理软件支撑外，还必须遵循共同的协议规则，如互联网 (internet) 上使用的通信协议是 TCP/IP。

1

第四，计算机网络的主要目的是实现资源共享和数据通信。

(二) 计算机网络的分类

计算机网络可以从地理覆盖范围、拓扑结构、使用对象、通信传输方式和网络组件关系等5个方面进行分类。从不同的角度对计算机网络进行分类，有助于更好地理解和认识计算机网络。

1. 按地理覆盖范围分类

计算机网络按地理覆盖范围分类，可分为局域网、城域网和广域网。网络的地理覆盖范围不同，所采用的传输技术也不同，因此形成了具有不同网络技术特点与网络服务功能的计算机网络。

(1) 局域网

局域网 (local area network，LAN) 的覆盖范围较小，一般覆盖方圆几千米，如一间办公室、一栋大楼、一个园区等。局域网具有传输速率高、误码率低、成本低、易于维护管理、使用方便灵活等特点。

(2) 城域网

城域网 (metropolitan area network，MAN) 一般是指建立在大城市的计算机网络，覆盖城市的大部分或全部地区，其覆盖范围从方圆几千米到方圆几十千米。城域网通常由政府或大型集团组建，作为城市基础设施，为公众提供服务。目前，很多城市都在规划和建设自己城市的信息高速公路，以实现用户间的数据、语音、图形与视频等多种信息的传输和共享功能。

(3) 广域网

广域网 (wide area network，WAN) 的覆盖范围很大，一般可以覆盖从方圆几千米到方圆几万千米。广域网的覆盖范围大，可以包含几个城市、一个国家、几个国家，甚至全球，它能够实现较大范围内的资源共享和数据通信。

2. 按拓扑结构分类

计算机网络的拓扑结构是指网络中各节点 (通信设备、主机等) 和连线的连接形式。网络拓扑结构对其能够采用的技术、网络的可靠性、网络的可维护性和网络的实施费用等都有重大影响。选用何种类型的拓扑结构来构建网络，要依据实际需要而定。

（1）总线型拓扑结构

总线型拓扑结构采用单根传输线作为传输介质，网络中各节点均接入总线。在局域网中，总线上各节点计算机地位相等，无中心节点，属于分布式控制。总线信道是一种广播式信道，可采用相应的网络协议（如以争用方式为主要特点的 CSMA/CD 协议）来控制总线上各节点计算机发送信息和接收信息。这种结构具有简单、易扩充、可靠性高等优点，但缺点是访问控制复杂，组网时受总线长度限制，延伸范围小。

（2）星形拓扑结构

星形拓扑结构是以一个节点为中心，网络中其他节点都通过传输介质接入中心节点，所有节点的通信都要通过中心节点转发。这种结构的网络采用广播式或点对点式进行数据的通信。常见的中心节点有集线器、交换机等。①

星形拓扑结构的优点是结构简单、管理方便、扩充性强、组网容易。利用中心节点可方便地提供网络连接和重新配置，且单个连接点的故障只会影响该节点，不会影响全网，容易检测和隔离故障。它的缺点是中心节点的负载过重，控制过于集中。如果中心节点产生故障，则网络中的所有计算机均不能通信，这种拓扑结构的网络对中心节点的可靠性和冗余度要求较高。

（3）环形拓扑结构

环形拓扑结构的传输介质是一个闭合的环，将网络各节点直接连接到环上，或通过一个分支电缆连接到环上。环状信道也是一条广播式信道，可采用令牌控制的方式来协调各节点计算机发送和接收消息。

环形拓扑结构的优点是单次数据在网络中的最大传输延迟是固定的，每个网络节点只与其他两个节点有物理链路的连接，因此传输控制机制简单、实时性强。它的缺点是环中任何一个节点出现故障都有可能终止全网运行，因而可靠性较差。为了解决可靠性差的问题，有的网络采用具有自愈功能的双环结构，一旦一个环路停止工作，可自动切换到另一个环路上工作。

（4）树形拓扑结构

树形拓扑结构也称为"多级星形拓扑结构"，是由多个层次的星状网络纵向连接而成。树中的每个节点都是计算机或网络设备。一般来说，越靠近树的根部，对节点设备的性能要求越高。与星形拓扑结构相比，树形拓扑结

_____

① 陈雪蓉.计算机网络技术及应用 [M].3 版.北京：高等教育出版社，2020：91.

构的网络线路总长度较短、成本较低、易于扩充，但其结构较为复杂，数据传输时延较大。

（5）网状拓扑结构

网状拓扑结构的网络也称为"分布式网络"，由分布在不同地点的计算机系统互相连接而成。网络中无中心计算机，每个节点都有多条线路与其他节点相连，增加了迂回通路。这种结构的优点是节点间路径多，数据在通信时可以大大减少碰撞和阻塞，具有可靠性高、数据传输时延小、网络扩充和主机入网比较灵活、简单等优点。但是由于其网络结构复杂，控制和管理也相对复杂，因此具有布线工程量大、建设成本高、软件管理复杂等缺点。

以上介绍的是最基本的网络拓扑结构，在实际的网络规划和设计中，通常根据实际需求选择多种结构混合构成实际的网络拓扑结构。选择哪种类型的网络拓扑结构进行网络设计，有多方面的考虑因素，如网络设备安装、维护的相对难易程度、通信介质发生故障时受到影响设备的情况及费用等。

3.按使用对象分类

按使用对象进行分类，计算机网络可以分为公用网和专用网两大类。

（1）公用网

公用网是为所有用户提供服务，一般由国家的电信部门建立，如中国公用计算机互联网（ChinaNet）、中国教育和科研计算机网（CERNET）等。一般只要按照相关部门的规定缴纳费用，用户就可以使用公用网。

（2）专用网

专用网是为特定用户提供服务的，如军队、公安、铁路、电力、金融等系统的网络均属于此类。专用网是企业为本单位的特殊工作需要而专门建立的网络，它们的使用者也是单位内部的人员，具有自建、自管、自用的特点。

4.按通信传输方式分类

根据数据通信传输的方式不同，计算机网络可分为广播式网络和点对点式网络两大类。

（1）广播式网络

广播式网络中的节点使用一条共享的传输信道进行数据传输，当一个节点发送数据包时，采用广播的机制向所有节点广播此数据包。由于此广播数据包中包含目的地址和源地址，所有节点收到这个数据包后，根据其目的地址确定是否接收处理该包。如果数据包中的目的地址与自己的地址相同，则接收处理；如果不同，则忽略。通过这种方式，达到在广播式网络中实现一对一通信的目的。

（2）点对点式网络

点对点式网络的数据传输以点对点的方式进行，即源端主机向目的端主机发送数据时，首先将数据包发送到网络的中间节点，其次数据包经中间节点处理后可直接传输到目的节点。

5. 按网络组件关系分类

按照网络组件的关系来划分，通常有对等网络和基于服务器的网络两种。在对等网络中，各节点在网络中的地位是平等的，没有客户机与服务器的区别，每一个节点，既可以是服务的请求者，又可以是服务的提供者。对等网络结构及配置相对简单，但网络的可管理性差。

基于服务器的网络，采用客户端／服务器的模式。服务器节点向外提供各种网络服务，但不索取服务；客户机节点使用服务器的各种服务，向服务器索取服务，但不向外提供服务。这种结构的网络，服务器在整个系统中起到管理的作用，因此网络的可管理性好，但同时也存在着网络配置复杂的缺点。

二、计算机网络的功能和组成

（一）计算机网络的功能

计算机网络的主要功能为资源共享和数据通信。这里可共享的资源主要包括软件资源（如应用软件、工具软件、系统开发的支撑软件、数据库管理系统等）、硬件资源（如大容量存储设备和各种类型的计算机、打印机、绘图仪等）、数据资源（如数据库文件、办公文档、企业生产报表等）。数据通信，即在通信通道上传输各种类型的信息，包括数据、图形、图像、声音、视频流等。

计算机网络除了能够实现计算机之间的资源共享和数据通信外，还具有对计算机的集中管理、负载均衡、分布处理和提高系统安全性与可靠性等功能。

在没有联网的情况下，每台计算机都是一个"信息孤岛"，必须对其进行分别管理。而计算机联网后，可以在某个中心位置实现对整个网络的集中管理，如交通运输部门的订票系统、国家的军事指挥系统等。

计算机网络还可以对在网络上的各主机进行均衡负载，将在某时刻负载较重的主机的任务传送给空闲的主机，通过多个主机协同工作来完成单一主机难以完成的大型任务。

计算机网络是一个大的分布式处理系统，与单机系统相比，它的可靠性不依赖于其中的任何一台主机，同时还可以提高整个系统的安全性与可靠性。

(二) 计算机网络的组成

1. 计算机网络的逻辑组成

从逻辑功能上看，一个计算机网络可以分为两个部分：负责承载资源和数据的计算机或终端组成的部分，称为资源子网；负责数据通信的通信控制节点与通信链路组成的部分，称为通信子网。

资源子网由各计算机系统、终端控制器和终端设备、软件和可共享的数据库等组成，主要负责全网的数据处理工作，包括向用户提供数据存储能力、数据处理能力、数据管理能力和数据输入输出能力等。一般在互联网中负责向外发布信息、提供资源的服务器 (如百度公司服务器) 均属于资源子网。

通信子网由通信链路 (传输介质)、通信设备 (如路由器、交换机、网关、卫星地面接收站等)、网络通信协议和通信控制软件等组成，主要负责全网的数据通信，为网络用户提供必要的通信手段和通信服务 (如数据传输、转接、加工、变换等)。互联网中通信子网的建立、维护等工作一般由专门的部门 (如中国电信) 负责。

2. 计算机网络的系统组成

从系统的角度看，计算机网络系统由网络硬件和网络软件两大部分组成。

(1) 网络硬件

网络硬件主要由终端设备、具有交换功能的节点 (如交换机、路由器等)，以及节点间的通信链路组成。用户通过终端设备访问网络，通过具有交换功能的节点进行信息的转发和处理，最终到达指定的某一个用户。因此，网络硬件一般指计算机设备、传输介质和网络连接设备。

（2）网络软件

网络软件一般是指网络操作系统、网络通信协议和提供网络服务功能的软件等。网络操作系统用于管理网络的软硬件资源，是提供网络管理的系统软件。常见的网络操作系统有 UNIX、Linux、Net ware、Windows 等。

网络通信协议是网络中计算机与计算机交换信息时的约定，规定了计算机在网络中通信的规则。不同的网络操作系统所支持的网络通信协议有所不同。例如：Net ware 系统支持的网络通信协议为 IPX/SPX；Windows 系统则支持 TCP/IP 等多种协议。

第二节　计算机数控技术

一、数字控制技术

数字控制（numerical control，NC），简称"数控"，是一种蓬勃发展的自动控制技术。数字控制是相对于模拟控制而言的，数字控制系统的控制信息是数字量，而模拟控制系统中的控制信息是模拟量。

数字控制系统有以下特点：①可用不同的字长表示不同精度的信息，表达信息准确；②可进行逻辑运算、算术运算及复杂的信息处理；③有逻辑处理功能，可根据不同的指令进行不同方式的信息处理，从而可用软件改变信息处理的方式或过程，而不用改动电路或机械机构，因而具有功能的柔性化。

数字控制系统具有上述特点，因此被广泛应用于机械运动的轨迹控制。轨迹控制是机床数控系统和工业机器人的主要控制内容。此外，数字控制系统的逻辑处理功能可方便地用于机械系统的开关量控制。

数字控制系统的硬件基础是数字逻辑电路。最初的数控系统是由逻辑电路构成的，因而被称为硬件数控系统。随着微型计算机的发展，硬件数控系统已逐渐被淘汰，取而代之的是计算机数控系统（computerized numerical control，CNC）。由于计算机可以完成由软件来确定数字信息的处理，并可以处理硬件逻辑电路难以处理的复杂信息，因此数字控制系统的性能被大大提高。目前，已有许多用数控系统装备的加工设备，如数控机床、数控线切割、数控电火花加工、数控绘图仪、数控割字机及工业机器人等，其中数控机床的发展最为迅速。

二、数控技术与数控机床

数控技术不依附于数控机床，但它却是随数控机床发展起来的。因此，数控技术多指机床数控技术。

数控机床一般由信息载体、计算机数控系统、伺服系统和机床本体组成。

(一) 信息载体

信息载体又称为控制介质，用于记载各种加工信息，如零件加工的工艺过程、工艺参数和位移数据等，以控制机床的运动，实现零件的机械加工。常用的信息载体有穿孔纸带、磁带、磁盘或光盘等，并通过穿孔纸带、磁带、磁盘或光盘读入机将信息载体上记载的加工信息输入数控系统。数控机床也可采用操作面板上的按钮和键盘将加工程序直接输入，或通过串行口将计算机上编写的加工程序输入数控系统。有些高级的数控系统还包含一套自动编程机或计算机辅助设计 / 计算机辅助制造（CAD/CAM）系统。由这些设备或系统实现编制程序、输入程序、输入数据及显示存储和打印等功能。

(二) 计算机数控系统

计算机数控系统是数控机床的核心，其功能是接收输入装置输入的加工信息，实现数控运算、逻辑判断、输入输出控制等功能。计算机数控系统一般由专用（或通用）的计算机、输入输出接口、可编程逻辑控制器（PLC）等部件组成。PLC 主要用于实现机床辅助功能、主轴选速功能及换刀功能。

(三) 伺服系统

伺服系统是数控系统的执行部分，包括电动机、速度控制单元、检测反馈单元及位置控制等部分，它接收由计算机数控系统发来的各种动作命令，驱动受控设备运动。伺服电动机可以是步进电动机、液压马达、直流伺服电动机或交流伺服电动机。其性能的好坏将直接影响数控机床的加工精度和生产效率的高低。

（四）机床本体

机床本体是用于完成各种切削加工的机械部分。根据不同零件的加工要求，机床本体可以是车床、铣床、镗床、磨床、重型机床、电加工机床或测量机等。普通机床包括机械传动结构及功能部件，数控机床本体结构的特色主要包括以下4个方面。

第一，机床采用了高性能主传动及主轴部件，具有传递功率大、刚度高、阻尼精度及耐磨性好、抗震性好及热变形小等优点。

第二，机床的进给传动为数字式伺服传动系统，传动结构简单，传动链较短，传动精度高。

第三，在加工中心类机床上有较完善的刀具自动切换和管理系统，工件一次安装后，能自动完成或者接近完成对工件各面所有的加工工序。

第四，机床更多地采用了高效传动部件，如滚珠丝杠副、直线滚动导轨等。

第三节 计算机通信技术

计算机通信是一种以数据通信形式出现的，在计算机与计算机之间或计算机与终端设备之间进行信息传递的通信方式。它是现代计算机技术与通信技术相融合的产物。

一、计算机通信概述

（一）计算机通信的概念

计算机通信，即计算机与计算机之间的通信，最简单的情况是将两台计算机用通信线路连接起来，以实现点对点的通信。虽然这种情况早已被多台计算机组成的计算机网络取代，但它是计算机通信的基础。多台计算机按一定的拓扑结构连接起来，只要遵循相应的通信协议，就可以实现计算机用户的通信和网上资源的共享。

（二）计算机通信的分类

计算机通信按照不同的传输连接方式，可分为直接式和间接式两种。直接式是指将两部计算机直接相连进行通信，可以是点对点，也可以是多点传输。间接式是指通信双方必须通过交换网络进行通信。

按照通信覆盖地域的广度，计算机通信通常分为局域式、城域式和广域式 3 种。局域式是指在局部的地域范围内（如机关、学校、军营等）建立计算机通信，局域式计算机通信覆盖地区的直径在 10 千米以内。城域式是指在一个城市范围内建立的计算机通信，城域式计算机通信覆盖地区的直径在几千米到几十千米。广域式是指在一个广泛的地域范围内建立的计算机通信，通信范围可以是城市和国家，甚至是全球。广域式计算机通信覆盖地区的直径一般在几千米乃至几万千米。

局域式计算机通信和广域式计算机通信之间既有区别又有联系。在应用上，一般局域式计算机通信侧重于资源共享，而广域式计算机通信侧重于数据通信；在技术上，局域式计算机通信领先于广域式计算机通信，但随着异步传输模式（ATM）技术的发展和应用，通过提供一个公共、统一的网络设施，广域式计算机通信和局域式计算机通信之间的技术差异越来越小。在通常情况下，计算机通信都是由多台计算机通过通信线路连接成计算机通信网进行的，这样可以共享网络资源，充分发挥计算机系统的效能。无论哪种形式的计算机通信，都是数据通信的一种，而且信源和信宿都是计算机。计算机通信采用的各种技术都是为了迅速、正确、可靠、安全地传输信息。

（三）计算机通信的特点

计算机通信以数据传输为基础，但又不是单纯的数据传输。它包括数据传输和数据交换，以及传输前后的数据处理过程，这都与计算机相关技术紧密联系。相比于电话通信，计算机通信的主要特点表现在以下 4 个方面。

第一，计算机通信适用于多媒体通信。文字、语言、数值、图像等多媒体信息都可以用二值信号来传输和再现，对于数据传输与交换过程中的监控和管理也采用计算处理的二值信号。

第二，数据信息传输效率高。在一条模拟信道上的数据传输速率为 2400 bit/s，即每分钟可以传送 1.8 万个字符；在一条数字信道上数据传输速率为 64 kbit/s，即每分钟可以传送 48 万个字符。可见数字信息传输速率比模拟信息传输速率要高得多。[①]

第三，计算机通信每次呼叫平均持续时间短。据数据统计，约 25% 的数据通信持续时间在 1 s 以下，约 50% 的持续时间在 5 s 以下，而电话通信的平均时间为 3 ~ 5 min；计算机通信的呼叫建立时间小于 1.5 s，而电话通信呼叫建立时间较长，约为 15 s。

第四，抗干扰能力强，有利于安全加密。计算机通信所处理和传递的信息均是二进制形式的数据信号，很容易通过简单整形来清除噪声，且易于经加密运算处理变换成另一种码型，以达到保密的目的。

二、计算机通信系统的组成

随着计算机分时、分批处理能力的增强，以及数据传输技术和信息处理技术的发展，目前形成了不同用途的计算机通信系统，并已大量应用于实际工作中。但无论哪种用途的计算机通信系统，它的任务都是把信源计算机所产生的数据迅速、可靠、准确地传输到信宿（目的）计算机或专用外设中。

计算机通信的特点是信源设备和信宿设备都可以是用户终端设备或电子计算机。当计算机与计算机通信时，信源和信宿都是计算机；当用户终端和计算机通信时，由用户终端向计算机发送数据，则用户终端为信源，计算机为信宿；反之，用户终端为信宿，计算机为信源。

一个完整的计算机通信系统，一般由以下几个部分组成：数据终端设备、数据处理子系统和数据传输子系统。

（一）数据终端设备

数据终端设备（DTE）通常以计算机和终端设备作为信源和信宿。它们能完成信息和数据之间的转换，即将发送的信息变换成二进制信号输出，或

---

① 温爱华，刘立圆 . 计算机与信息技术应用 [M]. 天津：天津科学技术出版社，2020：121.

者把接收到的二进制信号转换为用户能够理解的信息形式。终端设备包括用户终端及各种输入 / 输出设备等，如键盘、显示器、打印机或电传打字机，以及能够发送和接收数据的其他设备，而计算机主要完成数据处理任务。

（二）数据处理子系统

数据处理子系统由通信控制器（或称前置处理机）、主机及其他外围设备组成，具有处理从数据终端设备输入的数据信息，并将处理结果向相应的数据终端设备输出的功能。

通信控制器是数据传输子系统和计算机系统的接口，它能控制与远程数据终端设备连接的全部通信信道，接收远程终端发来的数据信号，并向远程终端发送数据信号。通信控制器的主要功能：对远程终端来说，其功能是完成差错控制、终端的接续控制、确认控制、传输顺序控制和切断控制等；对计算机系统来说，其功能是将线路上的串行比特信号变成并行比特信号，或将计算机输出的并行比特信号变成串行比特信号。另外，它在远程终端有时也有类似的通信控制功能，但一般作为一块通信控制板合并在数据终端设备之中。常见的通信控制器有微机内部的异步通信适配器和数字基带网中的网卡。

主机又称为中央处理机，由中央处理单元（CPU）、主存储器、输入 / 输出设备及其他外围设备组成。其主要功能是进行数据处理。

（三）数据传输子系统

数据传输子系统起着传输和转接的作用，它把终端和计算机连接起来，能够实现高效率、无差错地传输数据。它通常包括通信线路和信号变换器。通信线路是信息传输的通道，一般采用电缆、光缆、微波线路等。

信号变换器的功能是把通信控制器提供的数据转换成适合通信信道要求的信号形式，或把信道中传来的信号转换成可供数据终端设备使用的数据，最大限度地保证传输质量。在计算机通信系统中，最常用的信号变换器是调制解调器和光纤通信网中的光电转换器。调制解调器的基本作用就是完成数据和电信号之间的变换，匹配通信线路的信道特性，完成数据终端与传输信道之间的信号变换和编码，以及低速线路和高速线路的速率匹配和传输同步等功能，显然对于不同的通信线路，所采用的信号变换设备也不同。

另外，信号变换器和其他网络通信设备又统称为数据电路端接设备（DCE），DCE 为用户设备提供入网的连接点。

第四节　计算机图形技术

一、图形处理的基本概念

(一) 计算机辅助图形处理的含义及作用

计算机辅助图形处理就是利用计算机存储、生成、处理和显示图形，把过去由人工一笔一画完成的绘图工作由自动绘图机等图形输出设备来完成。

实际上，计算机处理的图形不仅包括由绘图机等绘图工具绘出的工程图样，还包括客观世界的景物、图片、美术绘画及雕塑等。这两种图形在计算机内部是采用不同的方法描述的：一种为矢量图形，另一种为点阵图形。所谓矢量图形，即计算机记录图形的形状、颜色、线型等属性参数。所谓点阵图形，即用点阵的填充来表示图形，构成点阵的所有点都具有一定的灰度和色彩。通常将点阵图形称为图像，而将矢量图形简称为"图形"。

计算机辅助图形处理是指计算机对矢量图形的处理。绘图是工业生产，尤其是机械行业中不可缺少的重要环节。计算机绘图不仅可以形象地产生和复制各种类型的图形，如二维的平面曲线、三维的曲面和立体图，以及机械零件图、部件装配图、传动系统图等，还可方便地对图形进行存储、调用、编辑和修改，完成之后通过绘图机输出。由于计算机的运算速度快、数据精度高，而且绘图机本身的速度和精度都很高，因此计算机绘图能迅速绘制出高精度、高复杂度的图形，可以大大提高绘图的质量和效率，减少工作量，在改革传统的工程制图技术方面有其重要的意义。

(二) 计算机绘图系统的类型

计算机绘图系统按其工作方式，可分为静态自动绘图系统和动态交互式绘图系统两种类型。静态自动绘图系统是将要绘制的图形编成绘图程序的系统，该系统在绘图过程中不允许人工干预和修改，如果所绘图形不符合要求，则需手工在图纸上改动或修改绘图程序。这种类型的系统，多用于设计图形已较成熟或对图形要求不严格且不需对图形进行修改的情况。

动态交互式绘图系统是用户通过输入设备，实时、动态地控制显示屏上图形的内容、形式、尺寸和颜色等的系统。在这种系统中，使用者和计算机的通信是双向的，使用者可以对屏幕的输出不断进行修改，直到建立满意的物体模型。对于新产品的设计，当需要在设计过程中进行反复研讨、修改、分析、计算时，应采用动态交互式绘图系统实现对图形的实时编辑。

（三）计算机绘图系统的组成

计算机绘图系统由硬件和软件组成。硬件部分由计算机主机、辅助存储器（硬盘、光盘、U盘等）、输入设备（键盘、数字化仪、鼠标等）和输出设备（图形显示器、绘图机、打印机等）组成；而软件部分则由图形软件、应用数据库、图形库、应用程序组成。

二、图形软件

为了利用计算机及其外围设备将图形绘制出来，仅有硬件是不够的，还必须有相应的图形软件，以提供使计算机能进行图形处理工作的指令和功能。目前，国内外已研制了大量的图形软件，许多软件已在实践中应用得相当成功，成为计算机应用领域中比较成熟、不可缺少的部分。

（一）图形软件的类型

根据图形软件的功能和使用情况，可将图形软件分为基本绘图指令软件、图形支撑软件、专用图形软件3类。

1.基本绘图指令软件

基本绘图指令软件常用汇编语言或机器语言编写，通常编写一些最基本的绘图指令，如画点、画线等。有些高级语言（如BASIC）本身就提供了简单的基本绘图功能。

基本绘图指令软件功能的强弱对绘图程序的编写有很大影响。一般来说，基本绘图指令软件提供的绘图能力距CAD/CAM系统的要求相差较大，必须在其基础上进一步做大量工作，才能满足设计过程的绘图要求。

2. 图形支撑软件

图形支撑软件可用汇编语言编写，也可用高级语言编写。除提供上述基本绘图指令外，图形支撑软件还可对图形进行编辑、修改、控制等，功能性较强，适用范围广。这类软件的工作方式有两种：一种是提供子程序软件包的形式，用户在使用时通过调用功能子程序来实现绘图及其相关工作，如早期使用较多的 Tektromix plot 10 就是 FORTRAN 语言的绘图软件包；另一种是动态交互式绘图软件的形式，用户可通过图形输入 / 输出设备与计算机交流信息，采用人机对话的方式绘制图形并对图形进行任意操作，如改变比例、旋转、平移、设置颜色等，广为应用的 AutoCAD 软件就支持这种工作方式。另外，动态交互式绘图软件通常也支持一到两种高级语言程序，可将绘图命令嵌入程序中，在程序执行过程中直接绘图，如 AutoCAD 支持 C 语言和 AutoLISP 语言，用户可根据实际需要进行程序绘图或交互绘图。

图形支撑软件通常由软件公司或研究单位研制，继而商品化投入销售。CAD/CAM 系统常以这样一类现有的、较为完善的图形系统作为绘图的基础或支撑环境，而不再花费大量时间、精力去重复开发那些底层功能，把精力集中在有针对性的扩充功能、提高绘图效率的二次开发上。

3. 专用图形软件

专用图形软件指的是在某种基本绘图软件或支撑软件基础上进一步开发针对某种特定领域、特定专业或特定用途的图形软件，如标准机械零件图形软件、机械装配图绘制软件、服装设计软件、建筑设计软件、电子线路板绘图软件等。这一类软件专业性强、效率高，面向用户，需求量大，但软件的开发难度大、维护任务重，一般多由用户自己组织力量或与科研单位、院校协作研制。专用图形软件的优劣直接影响设计过程和设计结果。

(二) 图形软件的功能

不同的图形软件系统，其功能也不尽相同，但作为一个图形支撑环境，应具有如下基本功能。

1. 定义窗口与视区

定义窗口与视区可以定义用户的制图区域与屏幕的显示区域 (或绘图机

绘图区域），并能进行二者的坐标变换。

2. 图形描述

图形描述包括画点、线、圆、圆弧，输入矢量、字符、文本等最基本的功能，以及绘制相应的多边形、椭圆、曲线等功能；能进行几何计算（如求交点、切点等），捕捉相应位置参量，以及尺寸标注。

3. 图形编辑与变换

图形编辑与变换可对已有图形进行删除、修改、完善，实现对图形的各种几何变换，如缩放、平移、旋转、投影、透视等。

4. 图形控制

图形控制包括显示控制、图形的初始化、图形输出控制等。

5. 图形文件处理

对于一些比较复杂的图形集合，可分别将不同方位或不同内容的图形定义成文件（或块）进行处理。不同的图形文件或同一图形文件中的不同实体可以接受统一调度、管理，从而提高图形的处理效率。

6. 交互处理功能

由于绘制图形的过程常常是一个反复试探、修改的过程，这就要求所用图形软件具有交互处理图形的能力，且人机界面友好。

（三）图形软件标准

CAD/CAM 技术的不断发展对计算机图形处理的要求越来越高，使图形应用软件的开发难度增大、开发成本升高。为此，软件开发人员更应遵循图形软件标准，使图形应用软件的开发直接面向应用的高层次，而不再在基本图形技术和接口上反复花费精力。

图形软件标准是一组通用的、独立于设备的、由标准化组织发布实施的图形系统软件包，它提供图形描述、应用程序和图形输入/输出接口等功能，使应用软件系统更易于移植、信息资源更易于共享、CAD/CAM 集成更易于实现。下面对几个图形软件标准进行简要介绍。

1. 图形核心系统

图形核心系统（graphical kernel system，GKS）于 1979 年由德国标准化协会（DIN）提出草案，国际标准化组织（ISO）于 1985 年采用并作为国际标准。它是一个为应用程序服务的基本图形系统，提供了应用程序和一组图形输入／输出设备之间的功能性接口。该功能性接口包括在各式各样的图形设备上进行交互的或非交互的二维制图所需的全部基本功能，即输出功能、输入功能、控制功能、变换功能、图段功能、元文件功能、询问功能和纠错处理功能。GKS 是一个二维图形软件标准。

为了满足三维图形的需要，DIN 与 ISO 合作制定了三维图形核心系统——GKS-3D 图形国际标准，作为 GKS 的扩充。GKS-3D 提供了三维空间下的图形功能，包括 GKS 的重要概念和特点，并在三维空间里对原 GKS 的功能进行精确定义。这样二者在实现时并不相互依赖，而设计原则和基本结构又能保持一致。GKS-3D 与 GKS 完全兼容。

2. 程序员层次交互图形系统

程序员层次交互图形系统（programmer's hierarchical interactive graphics system，PHIGS）是美国计算机图形技术委员会于 1986 年推出的图形软件包，后被列为国际标准。它为应用程序员提供了控制图形设备的图形软件系统接口，以及动态修改和绘制显示图形数据的手段。PHIGS 的图形数据按照层次结构组织，使多层次的应用模型能方便地利用它进行描述。它是为应用高度动态性、交互性的三维图形而设计的图形软件工具包。

3. 计算机图形元文件编码

计算机图形元文件编码（computer graphics metafile，CGM）是 ISO 正式发布的国际标准。它采用高效率的图形编码方法，规定了存储图形数据的格式，由一套与设备无关的、用于定义图形的语法和词法元素组成。作为图形数据的中性格式，CGM 适用于不同的图形系统和图形设备。

4. 计算机图形接口编码

计算机图形接口编码（computer graphic interface，CGI）由美国标准化协会（ANSI）于 1984 年起草，后被 ISO 列为国际标准。它描述了通用的抽象图形设备的软件接口，定义了一个虚拟的设备坐标空间、一组图形命令及其参数格式。CGI 有两种字符编码与二进制编码，提供了 300 多个函数功能。采用 CGI，无论是应用程序还是图形支撑软件均可实现在不同设备之间的移植。对于具体的图形设备，可配备各自的 CGI 驱动程序来实现操作。

5. 初始图形交换规范

初始图形交换规范（initial graphics exchange specification, IGES）是由美国国家标准和技术研究所（NIST）主持，波音公司和通用电气公司参加编制，后经 ANSI 批准于 1980 年发布的美国国家标准。它建立了用于产品定义的数据表示方法与通信信息结构，作用是在不同的 CAD/CAM 系统间交换产品定义数据。其原理是通过前处理器把发送至系统的产品定义的文件翻译成符合 IGES 规范的中性格式文件，再通过后处理器将中性格式文件翻译成系统可接收的内部文件。IGES 定义了文件结构格式、格式语言，以及几何、拓扑和非几何产品在这些格式中的表示方法，其表示方法是可扩展的，并且独立于几何造型方法。

目前，绝大多数图形支撑软件都提供读写 IGES 文件的接口，使不同软件系统之间交换图形成为现实。

软件标准也处于不断研究、制定、修改、完善的发展之中，如 IGES 自问世以来已发表了 6 个版本。世界各国的标准化组织都非常重视计算机软件的标准化问题。我国也先后颁布了《信息处理系统 计算机图形 图形核心系统（GKS）的功能描述》（GB 9544—1988）（等效采用 ISO7942 国际标准）、《CAD 标准件图形文件编制总则》（GB/T 15049.1—1994）、《初始图形交换规范（IGES）》（GB/T 14213—2008）、《信息技术词汇第 13 部分：计算机图形》（GB/T 5271.13—2008）等国家标准，目前还没有三维图形标准。但是，国际标准在我国也逐步被用户接受，采用三维图形标准配置和开发 CAD/CAM 应用系统，对于我国推广与应用先进的 CAD/CAM 技术，提高系统集成化水平具有非常重要的意义。

三、图形处理技术及算法的发展

计算机图形处理涉及的技术和算法相当丰富，大致可分为以下几类。

（一）图形的编辑修改技术和算法

1. 图形裁剪

图形裁剪技术与窗口技术密切相关，其目的是把窗口区域内定义的图形以适当的比例输出，而把窗口之外的图形在输出时裁剪掉。常用的裁剪算法主要是针对直线、多边形和字符的，有编码算法、矢量线段裁剪法、中点分割法等。

2. 图形变换

图形变换包括图形的等比变换、对称、错切、旋转、平移变换，三维图形的投影、透视变换，等等。

(二) 真实图形技术

用计算机产生三维的真实图形，是计算机辅助图形处理技术研究的重要内容之一。当按工程图样的要求绘制图形时，要消除线框建模的二义性，就必须消除实际不可见的线和面，也就是消除隐藏线和隐藏面，简称"消隐"。使用光栅图形显示器显示物体的立体图，则不仅要判断物体之间的遮挡关系，还要处理物体表面的明暗效应，以便用不同的色彩和明暗度来增加图形的真实感。经过消隐、着色、渲染等处理的图形称为物体的真实图形。

1. 消隐

消隐算法是在给定空间观察位置之后，确定线段、边、面或体是否可见的算法。消隐算法的种类有很多，但多数依据以下 3 种基本算法原理。

第一，面的可见性检验，即检验从某一个方向观察物体时，哪些面是可见的，哪些面是被遮挡而不可见的。

第二，包含性检验，即讨论平面与直线段的相互关系问题，检验线段是否在平面与视线方向形成的柱体中，其实质是裁剪问题及判断某个点是否在平面内。

第三，深度检验，即判断平面与直线段的前后关系。

2. 明暗效应

三维物体或景物图形的真实感在很大程度上取决于明暗效应。明暗效应指的是光照射在物体上，经周围具体环境相互作用后在人眼视网膜上产生的感知效果。因此，使用一些数学公式来近似计算物体表面反射或透射光的规律和比例，这种公式称为明暗效应模型。在算法中使用该模型计算物体表面明暗度的过程就是明暗效应处理。在对三维物体的图形消隐后，再进行明暗效应处理，可以进一步提高图形的真实感。

3. 阴影

阴影是物体自身遮挡使光线照不到它的某些面及场景中位于它后面的区域而形成的自然物理现象。在图形处理中将这种现象展示出来，必然增强画面的真实感。产生阴影的过程相当于两次消隐过程：一次是对每个光源消隐，另一次是对观察者的位置或视点消隐。从光源及视点看上去均可见的表面是不会落在阴影内的，只有那些从视点看上去是可见的，但从光源看上去是不可见（背光）的表面才位于阴影内。

除上述外，真实图形技术还有纹理处理、光线跟踪、辐射度处理、透明度处理等可以更准确地描述图形的技术和算法。

（三）科学计算的可视化

科学计算的可视化是把函数值计算或实验获得的大量数据，表现为人的视觉可以感受到的计算机图像，其核心是显示三维空间数据场。数据场的来源丰富多样，例如：在医学上，核磁共振、CT 扫描产生人体器官密度场；在工业上，超声波探伤探测零部件异变区域应力场；还有温度场、力场、磁场等许多方面。三维空间数据场的显示算法一般分为如下两种。

第一，中间几何图素法，即先由三维空间数据场制造中间几何图素（如曲线、平面、曲面等），再用计算机图形处理技术实现画面绘制。

第二，体绘制技术，即不构造中间几何图素，直接由三维空间数据场产生屏幕上的二维图像。

（四）虚拟现实技术

虚拟现实技术（virtual reality，VR）是指利用计算机模拟产生一个三维的虚拟环境，并在环境中结合不同的输入／输出设备与虚拟物体进行交互操作，随意观察周围的景物，自由运动。在此环境中，操作者具有立体视觉，场景即时呈现，还可以听到该环境中的声音，并感触到该环境所反馈的作用力，就像身临其境一样。虚拟现实技术是交互式实时三维图形在计算机环境模拟方面的应用。除需要前述各种图形处理技术和算法外，它还必须具备高性能的三维图形处理硬件。其中有两种典型的、专用于虚拟现实系统的设备。

第一，数据手套。这是一种形似手套、戴在手上的传感器，能感应用户所有手指关节的角度变化，由应用程序判断出用户在虚拟现实环境中进行操作时手的姿势。

第二，头盔显示器。这是一种形似头盔、戴在头上的显示装置，为用户提供虚拟现实中景物的彩色立体显示。

虚拟现实技术在军事、医学、建筑设计、航天、娱乐等许多方面展现出了很好的发展前景，它使昂贵的、危险的、远程的、难以物理实现的环境成为可见的，并能在其中运动自如、操作自如。这是目前研究的热点。

四、图形生成方法

图形生成方法决定了计算机绘图的作用和效率，因而始终是 CAD 研究的一项重要内容，只有简便、快捷地生成图形，才能使 CAD 系统更加实用。归纳起来，图形生成方法主要分为以下 5 种。

（一）图形生成技术与算法

1. 基于图形设备的基本图形元素的生成算法

基于图形设备的基本图形元素的生成算法有在光栅显示器上生成直线、圆弧和封闭区域填充等算法。

生成直线的算法很多，常用的有 DDA（digital differential analyzer）法，即根据直线的微分方程来画直线；生成圆弧的算法有正负法、多边形逼近法等。

封闭区域填充是指在一个有界区域内填充某种颜色或图案，如机械图中的剖面线。封闭区域填充有两种算法：一种是多边形填充，即根据多边形各顶点的坐标，按扫描线顺序，计算扫描线与多边形的相交区间，再用要求的颜色或图案显示这些区间的像素，从而完成填充；另一种是种子填充，即根据边界颜色特征及区域内的一个点（种子点）的坐标，首先填充种子点所在的像素，其次将相邻的像素坐标作为新的种子，如此循环往复，直至完成填充。

2. 自由曲线和曲面的生成

自由曲线和曲面是描述物体外形不可缺少的元素。对于规则的曲线和曲面，按照其参数方程实际画出即可。而那些不能用简单的数学模型进行描述的线和面，则需由不规则的离散数据加以构造，通常采用插值法或曲线拟合法。除此之外，还可进行的操作包括曲线和曲面的拼接、分解、过渡、光顺、整体修改、局部修改等。

3. 图形元素的集合运算

几何建模中的核心算法是物体拼合算法，也就是通过如交、并、差等集合运算将基本体拼合成需要的任意复杂的物体。拼合运算的基础是几何运算。几何运算基本上可分为两大类：一类是求交运算，另一类是检验几何元素位置的运算。其中，求交运算可分为面与面的相交、面与线的相交和线与线的相交。求交运算也是消隐等算法的基础。

检验几何元素位置的运算则分为交点是否在给定的线段上、交点是否在给定的平面上和交点是否在给定的物体上。

4. 不同字体的中西文的点阵表示及矢量字符的生成

我国制定了汉字代码的国家标准字符集。为了能在终端显示器或绘图仪上输出字符，系统中必须有相应的字符库。在字符库中存储了每个字符的形状信息，分为矢量型字符库和点阵型字符库两种。矢量型字符库采用矢量代码序列表示字符的各个笔画，如在 AutoCAD 中使用一种被称为"shape"的图形实体来定义字符；而点阵型字符库为每个字符定义了一个字符掩码，即表示该字符的像素图案的一个点阵。我国广泛使用的汉字系统大多采用 16×16 的点阵汉字作为显示用字符，而打印系统常采用 24×24、40×40、72×72 的点阵字符。[①]

当对输出字符要求较高时，还需采用字形压缩技术，如黑白段压缩法、部件压缩法及轮廓字形法等。当前国际上流行的 True Type 字形技术使用的就是二次贝塞尔（Bezier）曲线描述字符轮廓的轮廓字形法。

（二）轮廓线法

任何一个二维图形都由线条组成，这些线条是所描述实体上各几何形状特征在不同面上投影产生的轮廓线的集合。所谓轮廓线法，就是将这些线

---

① 郭长金，姚映龙，籍宇. 计算机应用理论与创新研究 [M]. 长春：吉林大学出版社，2018：226.

条逐一绘出，线条的位置只取决于线条的端点坐标，不分先后，没有约束，因此比较简单，适用面也广，但绘图工作量大、效率低、容易出错，尤其是不能满足系列化产品图形的设计要求，生成的图形无法通过尺寸参数加以修改。

采用轮廓线法绘图通常有两种工作方式：一是编制程序成批绘制图形，程序一经确定，所绘制的图形也就确定了，若要修改图形，只有修改程序，这是一种由程序控制的静态自动绘图方式；二是利用动态交互式绘图软件系统把计算机屏幕当作图板，通过鼠标或键盘点取屏幕菜单，按照人机对话方式生成图形，AutoCAD 绘图软件就属于这种方式。

(三) 参数化法

轮廓线法生成的图形重用率低，哪怕只变动一个几何尺寸，也要重新修改程序或重画相关部位。而在实际绘图中，常常面临系列化的设计，即基本几何拓扑关系不变，只变动形状尺寸，于是产生了参数化法。这种方法首先建立图形与尺寸参数的约束关系，每个可变的尺寸参数用待标变量表示，并赋予一个缺省值。在绘图时，修改不同的尺寸参数即可得到不同规格的图形。这种方法简单、可靠，绘图速度快，但不适用于约束关系不确定的、结构可能经常变化的新产品设计，通常用于建立已定型的系列化产品的图形库。

参数化法利用一套几何模型即可随时调出所需产品型号的图纸，也能进行约束关系不变的改型设计。

参数化法也有静态自动绘图和动态交互式绘图两种工作方式：静态自动绘图需将参数代入程序，或在程序运行初期输入其中；动态交互式绘图则先将赋有缺省值的参数图以图形文件的形式存入系统，使用时调入，再以人机对话的方式逐一改变参数。

(四) 图形元素拼合法

图形元素拼合法(简称"图元拼合法")类似于一种搭积木的方法。该方法是将各种常用的、带有某种特定专业含义的图形元素存储建库，在设计绘图时，根据需要调用合适的图形元素加以拼合。

图元拼合法若以参数化法为基础，每一个图形元素实际上都是一个小参数化图形。固定尺寸参数的图形元素在实际应用中几乎没有价值。

图元拼合法既可以用交互方式通过屏幕菜单拾取选项加以拼合，也可以通过在总控程序中选择调用各图形元素子程序实现操作。

(五) 尺寸驱动法

尺寸驱动法是一种交互式的变量设计方法。在绘图开始时，按设计者的意图先将草图快速勾画于屏幕上，然后根据产品结构形状的需要为草图建立尺寸和形位约束，草图就会受到这种约束的驱动而变得横平竖直起来，尺寸大小也一一对应。这种方法甩掉了烦琐的几何坐标点的提取和计算，保留了图形所需的矢量，绘图质量好、效率高，使设计者不再拘泥于一些绘图细节 (如某线条是否与另一条相关线平行、垂直，它的端点坐标是什么，等等)，而把精力集中在该结构是否能满足功能要求上。因此，这种方法支持快速的概念设计，怎么构思就怎么画，所想即所见，使绘图和设计过程更加形象、直观。至于图形细节，只要约束一经建立，就全部由系统生成。尺寸驱动法是当前图形处理乃至 CAD 实体建模的研究热点之一，它的原理还可应用于装配设计，建立好装配件间的尺寸约束关系，即可支持产品零部件之间的驱动式一致性修改。

(六) 三维实体投影法

回顾设计师的设计过程，尤其是设计零件结构时，首先在思维中建立起一个三维实体模型，该模型只是没有一个形象描述、记录的工具和手段，因而将其投影到不同的平面，绘出二维图纸；而在读图时，又要在大脑中还原图纸所表示的三维实体。随着设计的不断深入、不断修改，这种反复投影、还原，以及再还原、再投影的过程就要在设计师的大脑中反复进行。如果在开始设计时就在计算机三维建模环境中进行，则不仅能更直观、更全面地反映设计对象，还能减轻设计师的负担，提高设计质量和效率。这时，若要将三维设计结果以二维形式输出，则利用三维几何建模软件系统中提供的二维图形投影功能就可以方便地实现，只需再加上一些必要的修改，补充好尺寸标注、公差和技术要求。这种方法最为理想，它不仅可以使设计直观化，而且可以将二维绘图工作量最大限度地减少。另外，因为二维图形是由三维实体投影而来的，二者之间有着一对一的映射关系，故对二维图形中尺寸变量的修改能直接反馈到三维实体上。因此，三维实体投影法已成为计算机绘图的主要方法。

第二章 计算机技术在教育行业的应用创新

第一节 计算机网络远程技术在农村教育领域中的应用探究

远程教育从发展初期到今天已经积累了 100 多年的经验，随着当今先进的计算机网络远程技术的发展，拓展出了很多全新的功能，并且给使用者带来一种更便捷的服务体验。现在，一些发达国家已经针对远程教育进行了深入的研究，并通过经验的积累，取得了一定的成就。在农村教育领域当中运用计算机网络远程技术，能够让更多的资源投入农村教育，并且为农村地区未来的发展助力，目前针对此方面展开的研究已经成为学术界关注的焦点。

一、计算机网络远程技术在农村教育领域中的应用基础

（一）夯实硬件基础，加强网络配套设施建设

软件和硬件共同作用能够充分发挥计算机网络远程技术的作用，所以农村教育只有在拥有硬件配套设施的条件下才能够运用这个技术。针对这个情况，我国制定了很多优惠政策，给农村远程教育工作的开展提供了更多的资金补助，全面完善农村基础设施，希望借此能够促进农村教育水平的提高。各级政府应该起到相应的引领作用，结合农村当下最急迫的需求来提供资金支持。只有这样才能使农村地区获得更加完备的配套设施，在教育工作中发挥计算机网络远程技术的作用。

（二）优化软件基础，加强人才队伍建设

人才素质的高低间接体现了当今市场经济环境下各行各业发展的核心竞

争力，同时也是在农村教育领域中应用计算机网络远程技术的一个关键环节。所以，政府目前亟待解决的问题应该集中在人才的选用上，以点面结合的方式将农村教育的各项举措推行至整个农村，提升工作人员的专业素质和服务水平。农村教育需要加强教师队伍建设，强化教师队伍专业素养培训，及时学习先进的教学理念及教学手段，学习计算机远程教育教学信息技术，创新现有教学方式。提高教师的创造能力，奠定计算机应用技术的人才队伍基础。

二、计算机网络远程技术在农村教育领域中的应用模式

(一) 基于电视机模式的网络技术应用

目前，在农村电视机的使用逐渐普及，并且随着科技的发展，电视机的功能和配置被逐渐开发和完善。在这一设备支持的基础上，计算机网络远程技术在农村教育领域中的应用和覆盖，将会带来更多的教育模式。但是由于设备陈旧，可能在某种程度上影响用户的体验，信息的传播速度会相对较慢。在对农村教育发展的情况进行了解之后，可以在此基础上慢慢推进计算机网络远程技术的应用，使其适用于初期的发展阶段。在未来，随着相关工作的推进，对农村远程教育的布局将进行重新优化。

(二) 基于多媒体模式的网络远程技术应用

多媒体在信息化时代呈现开放性和多元化的发展模式，客户在利用多媒体进行各项工作时有更多的服务选择。与基于电视机模式的网络技术相比，应用多媒体计算机网络远程技术有相同的发射前端，二者都是利用卫星接收系统来进行教育信息的传输。最终在教室内的每一个使用者都是借助多媒体计算机教学系统中的广播功能来获取信息的，后续还会通过互联网来进行信息的回传。除此之外，多媒体还可以储存与远程教育有关的信息，并且将这些信息和资源进行分享，这是开展计算机教学的一个重要基础。但是这种模式对硬件设施和工作环境的要求非常严格，只有拥有了多媒体教室和计算机教室的农村学校才可以利用这种模式。[①]

---

① 张际平.计算机与教育：新技术、新媒体的教育应用与实践创新 [M].厦门：厦门大学出版社，2012：61.

(三) 基于局域网的网络技术应用

农村教育发展范围有限，这对于基于局域网的计算机网络远程技术的应用来说是比较有利的，因为这样可以不用考虑网络宽带的影响。卫星接收系统在此过程中仍然发挥着重要作用，用户可以通过网络直播系统来获取与市场和科技相关的信息。

(四) 交互式应用

先进的卫星双向接收发射系统为农村教育交互式教学提供了必要的技术支持，这一模式所利用到的设备将会更加繁多，除了必要的传输网络，还需要专门的多媒体授课教室、听课教室和多点控制器。教师群体和学生群体之间利用这种模式可以进行更加密切的互动，学生的整体学习状态能够通过这种模式展现出来。在提高学生主观体验的基础上，还有助于把控教学的内容和节奏。但是利用这种模式也会涉及更加高昂的资金投入，因此目前只适合经济水平较高的农村地区。

总而言之，农村教育事业在应用计算机网络远程技术的基础上会得到更好的发展，计算机网络远程技术已经成为农村教育发展的必然趋势。在未来的发展过程中，这种技术必然发挥更大的价值，相信未来学术界会有更多的人从不同的角度对农村教育进行分析和研究，农村的学生也会获得更多的学习机会。

第二节　计算机虚拟现实技术在高校体育教育中的应用研究

计算机虚拟现实 (VR) 技术能够借助生物学、电子信息技术等，有效地创建出一个虚拟的三维空间场景。利用不同模型的传感体验，让学生充分感知多方向性的交互传感体验。同时，该技术已经被广泛应用于各个领域。但是，当前高校体育教学仍有一定的技术欠缺。因此，将计算机虚拟现实技术与高校体育教育体制相互结合，可以构建不同的虚拟场景，从而引导学生主动在场景内进行体验与实践。

一、虚拟现实技术概述

虚拟现实技术主体借助了仿生学和自动化控制等方面的学科内容，结合人机交互的技术背景，创建出一个极具体验特征的空间氛围。同时，该技术还利用了网络信息技术、传感技术、遥感技术以及图形处理技术的方法和形式，巧妙地模拟了不同的教学环境，能够让学生在场景中不断体验感知，从而融入体育教学。

二、计算机虚拟现实技术的应用特征分析

(一) 信息交互特征

该技术能将不同的信息模型进行充分整合，通过双向的信息交互法则，有效地构建出一个教学所需的空间意境。在此过程中，教师可以借助指定的操作命令，创造出一个有效的空间模型，能够系统地反映出不同的景观特征。同时，该技术联动了现实场景和虚拟场景，以对应的方法将二者的信息进行汇总，能够让学生在不同的场景中进行转化，从而明确相应场景的价值。

(二) 感知特征

VR 技术使用了集成化的信息管理模式，将不同的场景以图像的形式进行呈现。同时，VR 技术整合了不同视角的学科理论，借助感应力学、电磁学方面的内容，将不同的动作形式以特异性的信息模型进行处理和判断，借助不同的信号模型进行呈现，引导学生在全息的空间环境中进行感知学习。

(三) 沉浸体验特征

VR 技术能够根据人们对不同场景的需求进行情境模拟，将肉体的感知与精神理念进行碰触，从而充分满足学生对于情境的基本需求。该技术能够让情境更为逼真，通过构建出一个意想的空间，引导学生深入体验体育课程的魅力。

三、在高校体育教育中计算机虚拟现实技术应用建议

(一) 确立教学框架

首先，教师应全面认识虚拟现实技术的内涵及应用优势，结合新时期的网络背景进行目标探索，从而有效掌握新时期的体育教学内容，因此需优化体育课程的设计。例如，在对篮球项目的教学框架的设计中，需对篮球的技法内容进行综合性设计和讲述，设置适合学生易于接受的框架内容。再如，在对"行进间上篮"的内容设计中，则可以利用 VR 技术模拟出该技巧的特点，结合图片的内容呈现正确的上篮方法，并有针对性地纠正错误动作。同时可以模拟出该技巧的注意事项，利用虚拟现实技术，凸显踝关节、膝关节等关节部位的动作规范。在此框架设计中，需重点强调避免腿部肌肉拉伤的方法，这样不仅能够提高学生对篮球技巧的核心认知，还能让学生在空间中感同身受地了解主体框架的特殊价值，进而提高学生的自我保护意识。其次，需针对投篮技巧及项目进行优化，提供对应的硬件设备。利用 VR 技术，学生借助设备观看不同形式下的实践技巧和动作姿态。此时，教师需输入相关的代码程序，明确虚拟空间技术中各类图像的综合性价值，从而逐步提升学生的感知体验能力。[①] 最后，教师需结合不同维度的模块属性进行整合，将体育教育的框架模型融入主体数据库，借助数据库的分析、整合、诊断系统，制定一个较为科学的体育教学体系。

(二) 详细功能设计情况

在计算机虚拟现实技术功能设计的优化过程中，需构建有效的目标体验功能，结合不同场景的实际情况进行模拟，科学地呈现草地、水泥地、塑胶田径场地、篮球场地等方面的信息，将三维的信息融入功能要求。

由此，需针对体育项目的技术要求和现实情况进行有效的对比，结合不同场景模式的方针设计进行实际优化，围绕该技术的优势进行项目制定，从而明确具体功能的设计要求。同时，需根据计算机虚拟现实技术的要求进行制定，分解不同动作，构建一个有效的沟通空间，从而提高体育教学的有

① 金瑛浩.计算机虚拟现实技术研究与应用 [M].延吉：延边大学出版社，2020：79.

效性。另外，需要注意将训练要求与模拟训练进行整合，要求学生结合云网络的数据结构进行方法对比，从而提高模拟功能的有效性。

在对于体育场景的设计要求中，需根据学生的接受情况拓展有效的模拟训练环境。如在"运球"的教学中，可以构建木质地板的场景，学生通过跳跃、走位、传球等动作充分感知运动场地地板的软硬度，结合灵活的体验情境分析相应的训练场地，这对于后期实际教学有积极的作用。同时，教师需结合多媒体形式进行体育教学，让学生通过多媒体设备感受实际场景的魅力，从而更快地认知体育场景的目标导向。另外，需要借助该技术设计不同结构的三维数据模型，并融合对应的情境设计内容，设计出有效的赛事标准和赛事情况，让学生在 VR 技术中了解不同赛事的规则和赛场中项目训练目标和方法，潜移默化地加深学生对不同体育项目的认知与了解。

第三节　计算机物联网技术在中职英语教学应用中的探讨

随着物联网技术的逐渐普及，物联网技术逐渐与英语教学联系起来。物联网在当前中职英语的教学过程中使用较多、效果较好。将物联网技术应用在英语教学过程中，不但有利于教师和学生的信息获取，还可以使英语教学的开展更为顺利。本节着重阐述物联网技术在中职英语教学过程中的重要作用，同时分析当前物联网技术在应用过程中的不足之处，进而提出一些改进措施，使物联网技术在中职英语教学中发挥更加积极的作用，达到更好的实施效果。

一、计算机物联网技术概述

物联网技术是计算机技术的一个分支，主要是利用计算机或无线网络来进行万事万物的连接与构建。在互联网所构建的连接网络中，物品可以进行实时的交流，信息可以自由传递，不需要人的干预。其主要原理就是利用射频自动识别技术，在物联网的支持下，进行物品的信息识别与共享。与互联网比较来说，物联网可以完全脱离人们的控制与干预，更加直观地连接各种传感器，实现信息的自动获取与传递。

近年来，随着物联网技术的发展，物联网技术逐渐应用到了各个领域。其中，在中职英语教学中，物联网技术也得到了广泛的使用。通过物联网技术来引入视频传感器，将学生的发音与标准的发音相对比，可以明显地看出发音的差别，及时纠正学生在英语学习中的发音错误。视频传感器还可以截取学生的口型，提供给计算机进行分析，用以比对发音方式是否正确，用于辅助教师对学生的指导与改进。

二、物联网应用在中职英语教学中的特点

在将物联网技术应用到中职英语的教学过程中，可以看出其有一定的成效。首先，物联网技术与英语教学相结合，可以使学生充分地了解英语知识，全面提升英语能力。其次，引入物联网技术可以使传统的教学方式发生改变，学生可以摒弃记录课堂笔记的方式，激发了学生学习英语的积极性。最后，把物联网这种新型技术与传统的教学模式相结合，可以使学生产生兴趣，赢得学生的关注。最重要的是，物联网技术可以使学生产生身临其境的感觉，在语境中进行语言的学习，有利于对英语的熟练掌握。同时，学生还可以自主地进行信息浏览，对所要获取的内容进行选择，教师也可以根据学生的具体情况来帮助学生选择合适的资料，以促进学生的英语学习。

三、物联网技术在中职英语教学应用中的不足

（一）一些教师自身对于物联网的教学模式不了解，没有网络教学的意识

虽然物联网的教学模式已经被广泛地应用到英语教学中，但是在实际的操作过程中，一部分教师还是坚持传统的教学模式，仅仅通过一本教材来进行全部的英语教学。如果想要改变这种情况，就要加强教师在物联网教学方面的意识，使其对物联网技术有充分的了解。

（二）尽管当前物联网技术已经广泛应用到英语教学过程中，但是总体上学习资源还较为匮乏

想要通过物联网进行英语教学，就需要有多种课件，这些资料不仅源于英语教师提供的教材，还需要学校投入大量的资金去进行软件和硬件的设备升级。但是，大多数的中职院校资金投入不足，因此物联网技术可利用的资料相对较少，难以满足学生的学习需求。

四、物联网应用在中职英语教学中的措施

（一）要加强对于物联网网站的建设

如果要将物联网技术与英语教学结合起来，就要建立一个完善的平台来支撑互联网的运行。在网站的建设方面，要从中职院校的英语课程出发，与学校的教学目的相一致，利用互联网技术为学生建立英语学习的有效平台。这样可以辅助教师更好地进行英语教学，服务于中职英语教师和学生，为学生提供一个良好的英语学习平台，也为教师提供更多的教学方式来完成英语教学。通过对网站的充分利用，可以有效激发学生学习英语的积极性，利用网络上的学习资源来丰富学习内容，给学生营造一种轻松、和谐的学习环境。

（二）要在物联网平台上建立一个适合中职学生进行自测的试题库

中职学生可以结合自身的学习情况，在试题库中搜索合适的试题来进行自我练习与测试，教师也可以根据教学进度在试题库中搜索适合学生的试题。除此之外，试题库还应该包括一些其他的小课件，便于英语试题的讲解与练习。学生要将个人信息先录入试题系统中，便于信息的储存，也可以很方便地查找自己的学习情况与进度。教师也可以将自己的教学课件上传到平台，便于学生的查找与利用。

（三）利用物联网平台进行教学，促进师生之间的交流互动

现阶段，大部分的中职院校都采用分班制的方法来进行教学。在学生

入学之前根据不同的专业分班，如烹饪班、面点班、旅游服务管理班、服装表演班、机械电子班、数控班等。在专业方面，分为文科专业、理科专业、艺术类专业。按照专业和学生的英语水平对学生进行不同等级的分班。因此，学校应该根据班级等级的不同来配置不同水平的英语教师，使英语教学取得最佳的效果。教师应该要求学生在上课前通过物联网平台进行课程的预习，结合物联网平台的课件内容，熟悉教师即将讲解的内容。通过物联网平台，学生还可以与教师进行交流。在课堂上，教师应该加强与学生的互动，同时对于学生预习的内容进行检查，针对突出问题进行有针对性的指导。通过这种方式，在课堂上教师有更多的时间来与学生互动，现场进行指导与训练，关注每一位学生的学习情况。

（四）通过物联网平台，培养学生的学习能力，教会他们必要的学习方法

教师可以通过示范来引导学生进行自主的英语学习，只有掌握了正确的学习方式，才可以事半功倍，取得更好的学习效果。通过物联网平台，中职英语教师和学生有了更多的交流机会，可以在不同的场所进行活动与交流。为了更好地实现物联网的教学功能，教师可以轮流在线值班，对平台上学生所提出的问题进行实时解答，帮助学生学习，发挥物联网模式的优势。按照这种方式坚持下去，可以使学生在课外时间进行英语知识的学习和自身英语能力的提升。

（五）通过物联网平台，培养中职学生之间的合作学习关系

这里说的"合作"主要是班级学生之间的互动与合作，也就是说一部分学生共同参与一些英语相关的活动。这种活动在国外的参与度较高，但是在国内的英语教学中采用得较少，班级学生可以与国外某个班级的学生共同创建一个英文网页，两国的学生可以在网页上分享本地的新闻或者天气等。这样不仅可以使学生丰富课外知识、锻炼口语，还可以使他们具有合作意识、建立友情。

综上所述，我们可以看出物联网技术对于当前中职英语教学的重要作用。将物联网技术应用在中职英语教学过程中，突破了以往的传统教学方

式，创新了教学模式，给整个教育界都带来了巨大的影响。当前，物联网技术已经广泛应用，如果能够将不足之处进一步弥补和改进，物联网教育技术必定成为未来英语教学的发展趋势，可以更好地服务于教师的教学过程与学生的学习过程。

第四节　计算机技术在艺术设计专业教学中的应用

一个出色的高校艺术设计类毕业生，应能掌握艺术设计基本技能、基本理论，并且具有艺术创新、创意能力。对于高校艺术设计专业教学活动而言，要想调动学生的艺术创新能力，其根本在于能够激发学生的学习兴趣，丰富学生的艺术设计理论知识，实现艺术文化积淀。而在传统的艺术设计教学中，艺术类学生的文化积淀无疑还不够高，要求在教学中更好地拓展艺术设计专业学生的专业知识。

一、高校艺术设计专业教学概述

近年来，随着人们物质生活水平的提升，人们的审美意识也得到提升，而艺术设计作为精神意识的物质化表达也因此得到了长足发展。20世纪50年代，现代艺术设计专业应运而生，其最初的意愿在于能够通过改变以往的设计服务对象，从而扩大艺术设计的对象，为更多人提供艺术设计服务，改变其生活状态和思想状态。在此趋势下，现代艺术设计开始逐步走向发展和成熟。在技术层面上，现代艺术设计是将传统艺术设计的使用材料、设计原则打破，而达到一种经济、实用的设计目的。更重要的是，在信息社会发展中，艺术设计同科学技术相结合，从而实现了现代艺术设计在技术上的创新发展，如原材料使用的创新性。由此可知，现代艺术设计对社会发展的重要作用，现代艺术设计也要求艺术能够从教育环节入手，从教育层面上为现代艺术设计的创新发展奠定基础。

在高校艺术设计专业教学中，计算机辅助设计软件拥有大量的艺术设计功能、资源，能够帮助设计人员更好、更快地完成设计工作。可以说，计算机辅助设计的应用已经成为行业趋势。在艺术设计中，计算机辅助设计能够实现对各种艺术设计作品的优化分析，最终得出最佳的设计方案。这主要是因为计算机辅助设计能够实现对数字、文字、图形等各种设计元素的微调，能够更快速地导入成果作品，便于对艺术作品再次优化处理。

二、计算机辅助设计在高校艺术设计专业教学中的实际应用

计算机辅助设计在高校艺术设计专业中的实际应用主要是将其融入翻转课堂教学模式，使学生能够自主开展计算机辅助设计课程的实践应用，提高其计算机辅助设计的实践操作能力，更兼顾利用计算机辅助设计手段开展艺术设计创新创造。在高校艺术设计专业教学中构建翻转课堂教学模式，其在于教师能够转变教学理念，确定以学生为主的教学方式，同时发挥学生的课外主体作用，开展对艺术设计问题的探索应用。在通常情况下，计算机辅助设计课程内容有绘图、辅助设计等，在教学中要开展理论教学，确保学生能够将艺术设计同计算机操作结合在一起。例如，在计算机辅助设计中，学生能够利用艺术设计中的创新意识解决碰到的计算机操作问题。再如，在动画设计过程中，首先需要有完美的动画设计形象、故事脉络，其次是拥有熟练的计算机辅助设计技术，最后才能够将二者协同在一起，完成一部动画作品。而这些任务需要学生充分利用碎片化的时间，开展计算机辅助基础设计技术练习，能够掌握计算机辅助设计课程的基本脉络，然后在课堂教学中，教师能够对学生进行启发式教学，确保学生能够在课堂中同教师、学生之间产生思想上的碰撞，使自己的艺术设计创意更加新颖、有吸引力。

更重要的是，通过翻转课堂的教学形式，教师能够借助计算机设备、资源，将计算机辅助设计的相关知识传递给学生，让学生在课后时间能够自主进行操作练习，而翻转课堂教学模式无疑为学生的计算机辅助设计提供了更多的实践机会。

综上所述，为了迎合市场上艺术设计的创新创意需求，要求高校加强艺术设计教学中的人才培养，更好地增强艺术设计专业学生的学习能力，培养学生形成良好的学习习惯，从而更好地满足专业领域的创新需求。而在信息化时代，大数据的处理和应用为艺术设计领域提供了丰富的资源，在高校课堂中，教师必须能够引入计算机辅助设计技术，为学生提供更加个性的教

学方式及更加丰富的教学资源与教学工具。

第五节　计算机技术在生物技术教学中的应用

一、计算机技术应用于生物技术教学的优越性

生物技术是以实践及应用为基础的自然科学，其内容丰富多彩、复杂抽象。传统教学局限于教师讲、学生记的呆板教学模式，学生对抽象内容不好理解，同时也增加了教师的授课难度。计算机辅助教学（computer aided instruction，CAI）是以计算机辅助教师进行教学活动，代表了新的教育技术，它不仅克服了传统教学单一片面、单调枯燥的缺点，还为学生提供了一个很好的个性化学习环境，其能充分利用声音、动画、图片等形式，直观形象地展示教学内容。这种教学表达形式具有更强的吸引力，促使学生通过多感官来获取信息及吸收知识，可有效提高课堂教学效率、优化教学过程。同时，计算机教学具有交互性的特点，可实现教学信息双向传输，从而极大地提升学生在教学中的主动参与程度，有利于培养学生学习积极性及创新性。

二、计算机技术在生物技术教学中的应用

传统的挂图及教具实物只能展示静止的形态结构或实验过程，而对于动态的生命现象或技术操作，我们可制作相关的动画来辅助教学，一些简单的动画可以直接用 PPT 进行制作，而复杂的动画可采用 Adobe Animate 等专业动画制作软件。例如，基因工程中"PCR 的反应原理"是教学的重点及难点内容，单纯靠教师讲述并配以静态图片，学生很难理解"循环"和"指数级扩增"的过程。而教师在教学时制作了 PCR 反应原理的动画，以一个 PCR 管中的一条 DNA 模板分子为起始点，在动画中加入了引物、脱氧核苷三磷酸（dNTP）、Taq　DNA 聚合酶等动画素材，用动画过程模拟 PCR 的反应过程，准确显示了反应中的温度控制和产物形成情况。历时 4 min 的动画使学生理解了整个 PCR 反应的过程，且对于 PCR 各种反应物的作用及 PCR 结果的影响因素等相关知识一并有了了解。同时，在此过程中，学生的学习

兴趣和积极性都有了很大的提高。再如，细胞工程中的转基因过程是教学的重点，同时也是学生比较感兴趣的和生活息息相关的问题。转基因究竟是如何进行的？转基因常用的致瘤质粒（Ti 质粒）的结构是什么样的，以及它是如何发挥作用的？这些在教科书上有大段的文字描述，但是对于分子生物学知识基础比较薄弱的本科生来说，这些内容读起来晦涩难懂，教师对这部分内容讲解起来也比较困难。教师针对这部分内容制作多媒体课件，每个重要步骤辅以从互联网上找到的清晰示意图，并针对整体过程辅以动画，可以获得很好的教学效果。

此外，在生物信息学及生物统计学的教学中，涉及大量的生物学软件及生物学知识网站，在课堂上只靠理论讲述难以讲透彻且学生容易遗忘。某校生物信息学 80% 的课程安排在计算机教室进行。在计算机中预装生物学软件，教师边讲解学生边操作，考试也在计算机教室进行。例如，要求学生从蚊子的基因组序列中获取未知基因序列，并进行引物、限制性内切酶酶切位点的设计用于基因工程表达未知蛋白。通过这一过程，把复杂枯燥的生物信息学知识与生物理论很好地融合，并使每个学生主动参与到学习过程中。

最后，鼓励学生利用计算机网络资源进行自主学习。在课程中留出部分自学内容，教会学生使用生物学网站和相关的文献查询技巧，让学生通过自己查资料来完成自学内容并了解最新学科动态和技术理念。为学生提供相关精品课程网站，引导学生利用课余时间进行自学和复习；布置相关作业，让学生自己上网查找资料，写研究综述或研究报告，提高学生的自主学习能力和解决问题的能力。

第六节　计算机技术在高校语文教育中的应用研究

今天，计算机技术已经被广泛应用于社会经济、政治、文化等多个领域。但是在高校语文教学中，由于受计算机知识能力、认识水平与学校硬件配置等条件的限制，计算机技术在语文教学上的应用落后于计算机技术在其他领域的应用。这就需要学校转变教学观念，提高教师和学生的计算机应用水平，完善学校的硬件配置，将计算技术完全引入高校语文教学，从而真正促进我国教育事业的发展。

一、计算机技术在高校语文教学中应用的重要性

今天是一个科技高速发展的信息化时代，信息化不仅应用于日常生活，更融入教育教学当中。将计算机技术应用于教学中，可以使教学更加方便、完善、透彻。计算机技术对于高校教学的发展，有着不可忽视的作用。

以往在语文教学中，知识与创作要领的教授主要是依靠语文教师的讲解。单凭教师一人的讲解是不行的，这也直接影响课堂的教学效果。教师生动、丰富的讲解，不仅可以使学生直接了解知识的关键点，还可以激发学生的学习兴趣，所以教师希望通过讲解文章的方式使学生理解文章所要表达的思想感情。然而，我们知道高校语文课程中包括古代诗词、文言文、古代文学、现代文学等科目，而想要把每一篇诗词、每一篇文言文及每一篇文学作品讲解得全面、透彻，这对每一位语文教师来说都是相当困难的。如果能使用计算机技术，将古代诗词的意境画面展现出来，将文学作品的相关视频播放出来，就可以使语文教师的授课方便许多。

不仅如此，语文课需要大量的板书，而计算机技术可以将教师需要板书的内容制成 PPT，通过投影仪播放出来。这不仅方便了教师讲解，同时也使学生在投影仪上看得更加清晰。教师还可以将很难完成的古文讲解以视频的方式进行，教师将网络上文学大师讲解的古文视频剪辑出来为学生播放，使学生更容易理解古文，学起来也更加顺利。

二、计算机网络管理与多媒体技术在高校语文教学中的应用

在很长一段时间里，语文教学的相关资料都是由手工纸质记录的，当然语文教学资料也是通过人工管理的。这就存在着很多的问题，如易毁坏、难使用等。计算机网络管理就可以避免这些问题，通过计算机图书管理系统，建立语文资料的索引，从而使教学资料更容易查找、保存、记录等，真正做到方便、快捷、完善，实现语文教学资料的系统化。

在语文科研成果资料的管理上，科研工作最主要的就是采集、整合、分析重要信息。例如，教师要研究古汉字的演变发展历史，就需要教师对不同

时期的古文字进行收集、整合、分析，将商朝以前的古文字资料编写在一个文件里，将商朝到唐朝的文字资料编写在另一个文件里，再将唐朝到清朝的文字资料编写在其他文件里，再将这几个文件合并到一个大文件里，由此进行收集，这样查找起来会更加方便、快捷。[①]

在语文教案的管理上，每位语文教师在上课前必须编写教案，而教案中有许多内容是重复的。重复编写不仅费时而且费力，但是使用计算机进行编写就方便许多，按照教学大纲的要求建立教学单元，通常使用的文字处理工具为 WPS 或是 Microsoft Office，这也是为了使建立的计算机管理系统保持一致。然后，要将每一次教案编写的任务与时间写入每个单元，并且要将其整理得有条理、准确，以便于查找与保存。

在语文课成绩的管理上，语文课程是高校的必修课之一，传统的成绩管理方式是以专业和班级为单位进行管理，找起来较为烦琐，往往出现查找出错或是有遗漏的情况，这样会严重影响语文教学的管理。对于这个问题，我们可以利用计算机管理技术，对学生的成绩进行系统的管理，建立一个具有索引功能的数据库，将学生的信息以学号的形式编辑起来，同时也可以利用学生的姓名、专业、班级进行查找。这样不仅可以轻松地查找学生的成绩信息，还可以统计每个班级的总成绩，减少出错率，从而减轻语文教师的工作负担，完善学生语文成绩管理。

相比于计算机管理技术，多媒体技术进入课堂的时间较晚。语文课程像其他教学课程一样，语文教师也在不断地改变其教学方式、教学内容。尤其是对多媒体技术的应用，其改变了原来以听为主的教学模式，丰富了教学内容，使语文课堂更加活跃，提高了学生学习语文的积极性。语文教师在教学过程中，通过图片与文章结合的方式，阐述所学文章的主要表达思想，为了营造文章意境，可以通过多媒体播放视频来帮助学生理解文章，从而通过人机互动的方式激发学生的学习兴趣、提高学生的学习主动性、挖掘学生的学习潜能。

---

① 郭长金，姚映龙，籍宇. 计算机应用理论与创新研究 [M]. 长春：吉林大学出版社，2018：210.

三、计算机教学在高校教学中存在的不足

在高校教学中，应用计算机教学虽然有很多优势，但事物都有两面性，计算机教学应用在高校语文教学也有不足之处。在高校教学中，计算机的广泛应用，会使教师讲课完全依赖于计算机，这对教师讲课的能力及整个讲课的方式都会产生不利影响。教师对计算机教学太过依赖，会导致教师获取知识过于依赖网络，这就会使教师自身的授课能力下降及知识面变窄。

在计算机教学过程中，教师为授课效果更好而播放相关视频，当教师没有把握好视频教学的度，就会使学生将视频教学当作一种娱乐消遣。在教学中，视频播放得多了，会使学生形成一种上课必须播放视频的习惯性心理，这样学生就会无法正常学习语文知识，导致学生学习的片面化。在课堂上，教师提问学生回答是课堂上必不可少的环节，但是计算机教学的引入使学生对计算机产生依赖，教师在课堂上应用计算机减少了问答的时间或机会，就使学生产生教师上课不提问的惯性思维，从而厌倦教师提问甚至讨厌教师提问。

四、计算机技术在高校语文教学中的应用不足的解决方法

要对教师做好计算机培训工作。教师是课程教学的主体，因此要让教师先发挥好榜样作用，对教师进行计算机的培训，使教师真正学会如何操作计算机进行教学。教师还要做好课前的准备工作，以防出现计算机故障，从而做好两手准备，以保障教学进度。在用计算机教学的同时，教师可以将课文中的问题放在计算机上，对学生进行提问，这样问题更加清晰，教师出题的范围也会变得广泛。不仅可以是课本上的题目，还可以是带有图片或视频的题目。

计算机技术的使用就在于提升学生的全面素质，由于在语文教学中，学生才是受教育者，计算机技术就要以学生教育为根本出发点，在研究上要做到以促进学生学习知识为基础目的，真正实现学生愿意学习语文，使语文课程变得有趣、有意义。

学校要使计算机技术在高校语文教学中被更好地应用，就要对计算机进行定期的维护。计算机系统在教学中被逐步广泛使用，在语文教学中也起

到了相当重要的作用。因此，计算机系统的维护也是很有必要的，可以避免计算机出现不必要的故障，保证课程的正常进行，也保障学生的正常学习。例如，在语文教学课堂中，教师在讲授李白的《蜀道难》时，诗中描写到山的陡峭，而这种陡峭可能是许多学生无法理解的，这就需要教师通过计算机将那种山崖的陡峭以图片的形式展现出来，从而达到使用计算机教学的目的，让学生更加形象地理解李白当时的心境与李白当时所处环境的险恶，从而促进学生对知识的深入理解。

第三章　计算机技术在医疗行业的应用创新

第一节　计算机技术在医疗机构药品安全性监测中的
应用进展

随着计算机技术的飞速发展，利用计算机技术开展药学服务，特别是进行药品安全性监测已成为必然趋势。药品安全性监测实质上可以看作对相关信息的采集、传递、处理、分析、评价、利用的过程。传统的工作方式费时费力，信息传递受到时间、空间的制约，而计算机技术在信息资料的收集、贮存、处理上具有无可比拟的优越性，能大幅推动药品不良反应（adverse drug reaction，ADR）监测工作的进程，节省监测资源并提高监测效能。

一、计算机技术在 ADR 自愿报告监测中的应用

自 20 世纪 60 年代"反应停"事件后，不少国家建立了 ADR 自愿报告制度。自愿报告是一种自愿而有组织的报告系统，能识别常见的 ADR，也能暴露药品在上市前临床试验中不能确定的罕见 ADR。与队列研究等方法相比，其覆盖面更广，也更经济实用。迄今为止，自愿报告仍然是上市药品安全性监测最简单、最常用的形式，也是我国药品安全性监测的基石。目前，我国自愿报告的采集分析途径已实现覆盖，监测机构等单位都已经实现信息化，系统收集到的海量数据可直接通过计算机数据挖掘技术进行信号提取。

（一）国家 ADR 监测系统

随着 ADR 病例报告数量持续快速增长，报告技术手段成为必须解决的问题。2009 年，国家 ADR 监测中心启动了国家 ADR 监测系统项目，并于 2012 年正式上线。该系统建设范围包括 ADR 报告与管理、医疗器械不良事

件报告与管理、化妆品不良反应报告与管理、药物滥用报告与管理，主要功能为数据挖掘与智能分析、辅助决策分析等，能进行信息收集、风险预警、数据挖掘和辅助决策。

目前，该系统对作为基层报告单位的医疗机构设有"一单位一码"的权限，可实现报告单位到上级 ADR 监测机构的电子化报告，但还不能覆盖医疗机构内部一线报告人（医务人员）。所以，大部分医疗机构的 ADR 报告模式仍为院内纸质收集评价后，由专人负责转录至国家 ADR 监测系统，内部报告的采集、传送还处于手动操作状态。

(二) 基于医院信息系统的 ADR 自愿报告监测管理系统

陆晓和等较早地运用计算机建立了医院 ADR 监测系统，采用 C/S 模式建立网络数据库系统和 PHP 语言编程管理程序，按照原国家食品药品监督管理总局制作的《药品不良反应 / 事件报告表》做出电子报告表，进行 ADR 监测和收集，但没有相应的统计、分析和预警功能。

陈超等结合军队医疗机构信息系统的特点，于 2008 年开发了基于医疗局域网的"军队 ADR 监测管理系统"。该系统是基于自愿报告的医疗机构药品安全常规监测管理平台，采用 B/S 模式。其通过与医院信息系统 (HIS) 对接，实现了 ADR 报告采集的半自动化，并具有报告评价、数据校正、查询统计、数据分析、监测预警、信息交互、数据同步、布局管理等 8 个模块共计 30 项分支功能。尤其对于医疗机构内部临床一线医务人员，其可直接在医师工作站、护士工作站随时进行电子报告，药品安全信息评价员和管理员可随时查看、分析数据，并发布预警和反馈信息，各级数据交互便捷，从而加快了整个药品安全信息采集链条的运行速度和效率。

(三) 合理用药监测系统

研究表明，不合理用药是临床药品不良事件 (adverse drug event，ADE) 产生的主要原因，其中 1/3 是可以预防的。在可预防的 ADE 中，主要差错表现分布在医嘱 (49%)、转抄 (11%)、调剂 (14%)、投药 (26%) 等 4 个阶段。因此，应用计算机技术开发合理用药监测系统，对于防止 ADE 的发生具有重要意义。

应运而生的一些大型合理用药监测系统已逐步深入临床应用，在国内以合理用药监测系统（prescription automatic screening system，PASS）为主，在国外则以医师处方录入—用药决策支持系统（computerized physician order entry-clinical decision support system，CPOE-CDSS）为主。PASS 已成功嵌入我国的 HIS，为国内用药监测的主流产品。CPOE-CDSS 在 21 世纪初逐步进入临床应用，并发展至今。其中，CDSS 依据临床需求，软件包括疾病诊断、诊疗管理、疫苗预防、处方审查等决策支持模块，处方审查功能通常与 CPOE 联用，主要监控药物相互作用、重复用药、药物配伍禁忌、用药过量、过敏反应等用药错误。两种系统皆是对医师的处方/医嘱进行实时监测，对不合理处方提出警告或给出相关建议，从而达到规范医师处方行为、促进合理用药的目的，在一定程度上可预防 ADE 的发生。

但该类系统主要是"药物—药物"审查模式，可能导致警示信息与临床实际情况不符的情况，从而普遍存在警示疲劳问题。郭代红等曾调研了国内 3 家大型医院 PASS 的使用效能情况，经临床药师评估无效警示率约为 58.73%，其中最多见的原因是 PASS 提示内容与临床实际用药情况不符，其他原因还包括系统数据本身存在缺陷、医师长期用药习惯等。所以，该类系统用于用药安全问题的监测和预防还存在一定的局限性。

二、计算机技术在 ADR 医院集中监测中的应用

医院集中监测是 ADR 研究的重要方法之一，是指在一定时间（数月或数年）、一定范围内对某院或某一地区所发生的 ADR 及药物利用做详细记录，以探讨 ADR 的发生规律。

我国在 ADR 监测初期曾进行多次人工集中监测，但规模偏小，资料难以共享。主要是由于集中监测病例数多，资料收集、整理、统计、分析工作量大而复杂，导致该项工作费时费力、不易集中。因此，应用计算机技术建立数据库进行存储和分析十分必要。但目前还未实现的主要原因包括 HIS（医院信息系统）版本差异、数据采集和标准化困难、没有相应的系统监测构架等。吉新颜等利用 FoxBase 2.1 数据库管理系统开发了专用记录软件包，但此软件不能进行数据自动采集、处理、分析和预警，也未建立研究算法，仅是对数据的人工记录和发生率的简易统计。

国外最成功的医院集中监测案例是波士顿药物监测协作计划（Boston

collaborative drug surveillance programme，BCDSP），其以 BCDSP 资料为基础，曾发现依地尼酸的使用与胃肠道出血有明显的相关性，还通过监测发现苯妥英钠可使血尿素氮升高、水合氯醛会增强华法林的活性、肝素应用于妇女特别是老年妇女更易引起出血等。

三、计算机技术在 ADR 自动监测中的应用研究

随着 HIS 的建立和发展，患者的检查和诊疗过程已逐步实现电子化，并且在 HIS 中各项数据均有相应的时间标记，这使得利用计算机技术判别 ADR 成为可能。目前，该领域的研究主要集中在利用合适的检索策略和计算模型发现并暴露 ADR，所使用的自动监测技术主要有触发器技术和文本信息提取技术两类。

（一）国外医疗机构的计算机辅助监测研究

ADR 自动监测技术必须以 HIS 为基础，所以 HIS 的成熟运行促进了该项技术的蓬勃发展。一些发达国家 HIS 的开发使用已有近 60 年的历史，其医院 ADR 自动监测技术的研究也起步较早。美国、加拿大、德国、澳大利亚等国家在自愿上报和强制上报的基础上，基于其大型医疗数据库，运用较成熟的触发器技术和文本信息提取技术，主要在各种 ADE 和儿科专科中开展专项研究。目前，ADR 自动监测技术对一些 ADR 已能很好地识别，并且这些国家的某些医院已开始常规使用。然而，不同国家有着不同的医疗保健体系，信息系统构架也有所不同，因此应结合不同国家的特点开展研究。此外，关于各种类型的 ADE，全球均少有统一的诊断标准和国际共识。目前，国外的研究也存在一定的局限性，应在今后的研究中进一步明确规则建立的动机，控制混杂因素，并运用流行病学方法研究其发生规律。

（二）国内相关 ADR 计算机辅助筛查和评估技术

1. 基于触发器原理的计算机辅助筛查和评估技术

庞云丽等研发了计算机报警 ADR 监测系统，较早地开展了药物引起的变态反应和肝、肾损伤的计算机辅助监测工作，但以使用异常药品（如抗组胺药）为触发条件，预防和干预性不强。王远航等开发了住院患者药物热计

算机自动监测模型，对自动监测进行了较好的尝试性研究。但这种方法仅适用于发现 ADR 而不能深入研究 ADR，无法对未知风险特征和危险因素进行分析，且主要针对单一事件，人工再评估的工作量大。陆晓彤等基于 HIS 的氨基转移酶升高 ADR 自动监测系统研究，其使用丙氨酸氨基转移酶（ALT）与患者前一次的检查记录做比较，如果发生异常，则分析医嘱中是否有已知致肝损伤的药物，如有则直接确认，如没有再做人工评估。该研究使用单一指标异常与已知 ADR 怀疑药品数据库对照来确认阳性事件，未考虑疾病进展、手术、感染等混杂因素的影响，指标单一，系统设计方法值得商榷。潘雁等基于 HIS 设计了以收集、查询、监测、警示为主要功能的化疗药物血液学 ADR 监测软件，并对常用肺癌化疗药物实施血液学 ADR 监测，具有专科特点，但应用范围有限。陈超等依托运行良好的"军卫 1 号"医院信息管理系统，开发了住院患者 ADE 主动监测与评估警示系统。该系统完成了药物相关性血小板减少、贫血、肝损害、肾损害等 4 个事件的自动识别规则设计，建立了集自动监测、用药审查、辅助评估、特征分析、高危筛选于一体的监测构架，并能与医院自发报告监测管理系统对接使用，经临床药师实践论证监测效果良好，具有一定的实用价值。

2. 基于文本信息提取原理的计算机辅助筛查和评估技术

耿魁魁等初步构建了基于病历文本检索的 ADR 自动监测程序，设定关键词对病区电子病历进行 ADR 术语检索，但仅限于"皮疹""静脉炎""恶心""呕吐""发热""骨髓抑制""不良反应"。其虽然具有一定的检出效能，但是主要集中于较易识别的常见轻度反应或肿瘤化疗药物的已知毒性反应，且取决于病案对 ADR 有无记录及主题词库是否合理，有较大的局限性。

目前，国内将计算机技术应用于 ADR 监测领域的研究主要集中于对 ADR 自愿报告数据库的信号检出，即对已上报的 ADR 病例进行数据挖掘，提示预警信号。这种传统的监测方式虽然可作为药品安全性监测的基石，但存在漏报、低报、迟报、数据偏倚等固有缺陷。有研究者使用 3 种方法在 4 家医院分别收集 ADR。结果提示，病例回顾分析方法发现的 ADR 数量最多，其次是患者随访，而自愿呈报最少。病例回顾分析虽然是发现 ADR 较为有效的方法，但是需要投入大量的人力和时间，无法作为常规监测方式开展。此外，病例回顾、队列研究、患者随访等传统方式暴露的 ADR 都是已经发生的既往病例。既往人工监测方法已无法满足开展风险管理的需要，因此亟待探索新的监测技术与工具。

国外虽然在医院 ADR 自动监测技术领域的研究较为成熟，但尚无可套用的"医院自动监测"系统成品，且不同国家和医院的 HIS 结构也存在较大差异，所以需要结合我国实际情况制定监测开发方案。国内对 ADR 自动监测技术的研究才刚刚起步，结合医院 HIS 数据库的 ADR 自动监测和评估预警技术的研究正处于起步阶段。虽然目前国内已出现计算机辅助 ADE 主动监测和评估警示技术的研究，但是还需要继续深入研究和扩大应用范围，这对提高药物警戒水平、保障患者用药安全具有重要意义。

第二节　计算机信息技术在医疗设备管理方面的应用

随着我国医院规模的不断扩大，医院所拥有的医疗设备的数量也在持续增加，这对医疗设备管理提出了更高的要求，将计算机信息技术引入医疗设备管理可以有效提高管理效率、降低管理成本。本节将从我国医院医疗设备管理的现状出发，分析计算机信息技术应用的优势，进而探讨计算机信息技术的具体应用领域。

一、我国医院医疗设备管理的现状

为了更好地满足人们的医疗需求，我国医院逐步扩大规模，同时也引进了很多先进的医疗设备，使医疗水平获得显著提升。医疗设备数量和复杂性的提高使设备管理的难度持续提升。随着医院业务规模的扩大，为了支撑医院的高效经营管理，很多医院选择将计算机信息技术引入医疗设备管理工作，取得了不俗的成效。但随着计算机信息技术的广泛应用，一些隐藏的问题也逐渐暴露出来，具体体现在以下 4 个方面。

其一，一些规模小、资金少的医院不具备全面构建计算机信息化管理体系的能力，并未将先进的计算机信息技术应用到医疗设备管理工作中，导致管理模式混乱。

其二，在进行医疗设备采购工作中存在多方面的问题，最常见的就是质量及型号的问题，由于采购人员的不仔细，使得采购的设备无法应用于医院业务开展，造成资金的浪费。

其三，现如今很多医院依旧采用人工的方式填写医疗设备统计表，不仅效率低下，工作质量也无法得到保障。

其四，医疗设备的消毒不全面、监控体系的不完善导致一些存在病菌的医疗设备应用于医疗工作，使患者出现严重的并发症。

二、计算机信息技术应用优势分析

医疗设备在医院运营过程中占据着重要的地位，医疗设备的管理效果直接影响医院医疗服务的水平，将计算机信息技术引入医疗设备管理是提高管理水平的有效举措，其优势主要体现在以下3个方面。

首先，提高医疗设备采购的效率。将计算机信息技术应用于医疗设备的采购工作，可以大幅节省时间，实现工作效率的提升。在计算机信息技术的支撑下，医院医疗设备采购部门可以快速、准确地了解各个科室对医疗设备的需求，通过管理系统进行精准的核对，之后制订出科学的采购计划，并对采购要求进行规范化处理。在医疗设备采购的过程中，从审批工作管辖到采购设备质量和成本控制工作都可以实现快速上报，保障资金使用和设备选型的可靠性。此外，基于计算机信息技术的设备采购还可以保障信息在各个环节之间的可靠传递，避免出现数据丢失或是延误的情况。

其次，实现库房管理信息化。库房管理是医院医疗设备管理的一个重要环节，如今传统的纸质档案管理方式已经不能满足医院快速发展的需要，此时引入计算机信息技术是管理改革的主要方向。在计算机信息管理系统的支撑下，可以实现对库房申请、审批、竞标、采购、出库、入库及存储信息的全面掌握，且可以输出明确清晰的表格，为管理工作的开展提供便利，而且所有工程流程都可以在库房账目中得到体现，提高医疗系统运行的效率。此外，通过计算机信息系统能够综合医院实际需求，对医疗设备的最佳库存量进行确定，基于此制订采购计划，可以避免出现设备不足或是积压的情况，节省开支。

最后，提高数据信息的实时性。计算机信息技术应用于医院医疗设备管理的一项重要优势就是高效性，具体表现在数据信息的实时性上。在现代医院运行的过程中，许多环节对数据信息的时效性都有着很高的要求，而计算机信息系统的应用则是提高数据信息更新速度和流通频率的有效手段。在全面覆盖的信息系统范围内，可以实现数据信息共享，为各部门工作的开展提供便利，如财务部门在工作中，可以通过计算机系统对各个环节的开支和成本进行及时准确的了解，掌握不同科室的需求及资产、设备状况，提高医院的整体管理水平。

三、计算机信息技术在医院医疗设备管理及其档案管理中的应用

（一）计算机信息技术应用于医院医疗设备管理

在医院医疗设备管理中，基于计算机信息技术的管理系统可以实现对管理内容的全面统筹和覆盖。在进行信息管理系统构建的过程中，需要注意两方面的内容：一方面，其功能模块设置必须满足临床科室、供货商、设备采购部门三方的需求，支持数据信息的实时性传输共享。在医院内部，由于不同阶段的需求存在变动，因此设备采购部门工作人员在进行医疗设备购置管理时，必须将购置清单交付上级领导层进行审批，在招标工作结束后，若是中标，则进一步开展备案工作。另一方面，在供货商发货后，还需执行仓库管理、财务管理、数据统计、后台管理及设备维修等一系列程序。此外还需注意的是，在信息管理系统中还应设置计算机设备局域网登记管理程序，确保设备能够顺利接入医疗系统。

一般情况下，医疗设备计算机信息管理系统会设置4个功能模块，分别是医疗设备招标购置模块、整理模块、财务管理统计模块及医疗设备维护模块。其中，医疗设备招标购置模块可以帮助各个招标小组通过网络系统进行证件的查询，在此基础上基于医院的实际需求对选购的设备采购进行统一整理，将整理后的数据信息传输到各大供货商处。供货商根据医院的采购单据对医疗设备进行检验核实之后，会对其进行组装和调试，确认无误后才会运送到医院。

基于计算机信息技术的整理模块可以帮助医院工作人员对未送达的设备进行督促，并对医疗设备的质量进行监控，及时提醒管理人员医疗设备存

在的质量问题，并和供货商取得联系，沟通解决。

财务管理统计模块的功能是对验收的医疗设备的单据号、支付金额、型号、名称等信息进行统一记录，为对账、查找等工作提供数据支撑，此外还可以针对医院的设备制订翔实的采购计划。

医疗设备维护模块通过计算机信息技术对医疗设备的故障信息、维修状况、故障原因等进行详细的记录，通过分析掌握故障规律，为今后的故障排除提供数据参考。

(二) 计算机信息技术应用于医疗设备档案管理

档案管理是计算机信息技术应用的一个重要领域，医院所拥有的医疗设备数量众多，其类型、用途及购置时间均存在普遍的差异性，因此档案库所包含的资料也十分复杂，分类整理的难度较高。在引入计算机信息管理系统后，可以极大地减少人工成本，同时实现对所有档案的分类管理。此外，计算机信息管理系统还可以对档案室的环境进行动态监控，实时掌握室内的温度、湿度等数据。

综上所述，在现代医院医疗设备管理工作中引入计算机信息技术，搭建计算机信息管理系统，可以实现对医疗设备采购、使用、维护等诸多方面的有效覆盖，进而提高医院医疗设备管理水平，保障医疗设备的质量和使用安全，实现医疗服务质量的提升。

第三节　计算机技术在医疗服务优化方面的应用

随着我国社会主义市场经济的不断发展，人民群众对医疗服务的需求也不断增强，如何为患者提供高品质的医疗服务，已经成为当前我国医疗机构的工作提升重点。所以本节就计算机技术在医疗服务优化方面的应用进行探讨和研究，以期为我国医疗行业的发展提供参考。

一、医疗服务信息化的可行性发展方向

(一) 优化传统手工医疗服务方式

就当前的发展形势来看，必须对传统手工医疗服务方式进行改革，这是新时代对医疗服务方面提出的更高要求，同时也是时代发展的趋势。传统手工医疗服务方式虽然具有一定的精细度，并且被广泛接受，但是优化传统手工医疗服务方式是医疗行业进一步发展的关键。长期以来，我国的医疗机构都采用手工的方式为患者提供医疗服务，而手工医疗服务方式效率低下、重复工作性强，在当前医疗机构工作压力繁重的现实情况下，已经不能满足人民群众对医疗服务的种种要求。基于此，信息化医疗服务技术对于传统手工医疗服务方式的优化有着重要的意义。首先，信息化医疗服务技术可以采用全自动的方法对医疗服务进行操作，极大地降低重复性工作对于医疗服务工作效率的影响；其次，信息化医疗服务技术采用统一的编程标准，可以避免医疗服务工作中的失误，从而最大限度地保证治疗水平。这对医疗行业来说是十分重要的举措，因为数据信息处理的精细程度会对患者的身心健康及安全造成很大的影响。医院以救死扶伤为目标，所以处理好患者各方面的数据信息是医院医疗服务优化的目的之一。

(二) 优化患者的就诊流程

在传统医疗服务程序中，患者的就诊流程是较为烦琐的，需要经过多个部门的确认，这在一定程度上会影响及时救治的概率和治疗效率。在传统的患者住院流程中，患者要经历挂号、就医、缴费、检查和办理入院手续等多个流程，而每一个流程都需要患者排队，并且医院工作人员需要对患者的就诊信息进行多次登记，患者排队的时间往往长于接受诊疗的时间。这种情况不仅极大地降低了医院的办事效率，而且极易导致患者对医院产生不满情绪，从而使发生医患矛盾的风险增大。而通过采用信息化医疗服务技术，患者可以在网上进行就诊预约与咨询，患者的个人基本信息也可以直接从其提前登记好的个人信息中录入，避免了重复多次的信息输入过程，患者的缴费也可以直接刷卡完成，整个入院诊疗过程中唯一需要人工完成的步骤就是会

诊，这样一来，便极大地方便了患者的就诊，提高了医疗机构的服务效率。

（三）优化共享医疗服务资源

在信息化背景下，如果能将计算机技术应用于医疗服务优化渠道，就可以在很大程度上提高医疗服务的工作效率及患者治疗的准确程度。通过信息化医疗服务技术，患者的就诊信息将会被详细地记录在存储终端中，利用这些数据，医疗机构就可以对自身的医疗服务质量进行有效的评估，从而及时发现自身在医疗服务中存在的问题，从而更好地对自身的医疗服务方式进行创新改革。利用信息化医疗服务技术，医院还可以实现与其他医疗机构的资源共享，从而为医学研究提供更为全面的数据资料，并借鉴其他医疗机构的优秀服务方法，促进自身的医疗服务质量不断提升。

二、医院信息化医疗服务构建的有效方法

（一）引进先进的信息化医疗服务技术

当前，我国信息化医疗服务技术已经有了一定的研究成果，部分医院已经将信息化医疗服务技术作为医疗服务的主要手段，这种医疗手段的应用能够为医疗服务提供很大的便利，大大提高了医疗服务的效率及服务质量，对医院和患者都是一件十分有益的事情。例如，患者可以使用医保卡进行医疗预约挂号、缴费等，简化了就诊流程，为患者节约了大量的时间。信息化医疗服务是我国医疗服务机构未来发展的必然趋势，因此我国的医疗机构应当及时引进先进的信息化医疗服务技术，从而保证自身的医疗服务水平能够及时满足广大患者对医疗服务的新要求，这不仅是对医疗事业发展的一种帮助，也是对广大医务人员及患者的一种保障。

（二）培养医务人员对信息化医疗服务技术的掌握能力

在引进了先进的信息化医疗服务技术后，医院还应当对医务人员进行培训，使之掌握使用信息化医疗服务技术的能力。如果医务人员无法熟练地掌握这些技术，那么医院即便引进了先进的医疗服务信息化技术，也无法对这些技术进行高效充分的利用。因此，医院应通过开展信息化医疗服务技术

讲座、雇用专业技术指导人员等方法，帮助医务人员及时熟练地掌握这些技术。

三、信息化医疗服务技术对医疗服务的重要作用

（一）可以有效减少医患矛盾

信息化医疗服务技术对于医疗服务优化具有十分重要的作用。信息化医疗服务技术首先可以对患者就诊的最高费用进行限制管理，从而有效避免不良医疗从业者为患者开具高价药品的行为，其次可以利用互联网技术对药品进行采购，有效降低药品流通的成本，从而降低药品价格，造福患者。除此之外，信息化医疗服务技术还可以对处方药品进行有效的监管，从而避免特殊类型药品的违规开具。利用信息化医疗服务技术，患者诊疗所耗费的时间也将大大缩减，可以为患者节约时间成本，从而缓解患者的焦急紧张情绪，保证就诊环境的和谐，进而有效减少医疗纠纷的产生。

（二）有利于规范不良医疗行为

由于当前我国医疗服务的供给失衡，患者对医疗服务的需求量要远远大于医疗服务的供给量，因此部分不法分子利用这一不平衡为自己牟取私利，如"黄牛"倒卖医生诊号、"药贩"出售处方药品等。这些不良医疗行为不仅扰乱了我国医疗机构的正常工作秩序，还对广大患者的身体健康造成了严重的不良影响。而利用信息化医疗服务技术，患者的就诊信息全部由计算机进行存储、分析与操作，这些信息直接由医院及国家的管控系统监管，从而从源头上杜绝了不良医疗行为产生的可能性，有利于建设一个和谐稳定的医疗环境。

利用信息化医疗服务技术，医生可以为患者提供更为准确的诊疗，医患矛盾将会得到有效的缓解，不良医疗行为的发生概率将会显著减少，这有利于促进我国医疗服务事业的整体发展。

第四节　计算机技术在医学信息处理中的应用分析

信息时代对人们生活的影响显著，计算机技术在各个领域都有着不同的应用，无论是经济、文化，还是医疗等方面，如今都已离不开计算机技术的辅助。由于医疗领域信息处理需求巨大，因此近年来计算机技术在医疗领域逐渐普及，而技术的进步也让医学信息的发展达到新的高度，如何在医学信息处理方面最大限度地发挥计算机技术的优势，是相关领域的学者一直在研究的话题。

一、计算机技术在医学信息处理中的应用

(一) 在医院信息系统中的应用

医院信息系统的主要作用是服务各部门，将各部门所需的医疗信息通过网络及相关的设备传输给工作人员，其中信息的种类也不仅是医疗方面的信息，还包括行政管理方面的信息、财务部门需要的信息等。医院管理者也需要通过计算机技术获取信息并进行分析整理，而其中主要包括信息的收集、储存、处理，以及提取有效信息及数据通信等环节，能够在需要的时候通过对信息系统发出相应的指令，获取信息来实现各类功能。医院的信息系统是一种大型的应用软件，主要是以安全和实用两项原则进行运转的，而这一切的基础就是计算机技术。无论是对于硬件还是软件，信息系统都是非常重要的部分，计算机技术在其中起到骨架的作用，支撑着整个信息系统。

(二) 在医学图像储存及传输系统中的应用

将医学图像进行储存并不是指储存这一项功能，在医疗机构中，其通常与传输系统进行融合，计算机技术能够通过数字化技术与网络技术，实现将图像或医疗影像传递到需要获取图像信息的工作人员手中。计算机技术能够将图像处理为数据信息，而在需要查看该图像的时候再通过计算机技术将数据信息转化为图像。这项应用能够对图像及其他数据进行收集和储存，建立数据库，便于信息的需求者随时获取，而经过了多年的发展，其技术也在

不断进步。在早期的图像处理中，由于受到当时技术的限制，对信息的处理速度非常低，在数据的数量上也有着严格的限制，随着计算机技术不断发展，能够处理的图像越来越多，能够最大限度地提高医院的工作效率。

(三) 在远程医疗中的应用

远程医疗让治疗突破了空间和时间的限制，是在新技术下的一项重大医疗突破，其能够将医疗服务提供给更多的人。远程医疗通常包括教育、护理、保健、会诊等各个项目的应用。远程医疗能够在一定程度上节约社会资源，节省患者的就医时间，便于医学信息的传递，计算机技术则是能够实现这种突破，对现代医疗水平的提升起到巨大的作用。但对于远程医疗来说，信息传递的速度是重点，一旦传输的速度受到影响，就会让远程治疗的效果大打折扣。近年来，比较多的就是心电监护系统的远程应用，通过无线网络的传递，将信息进行实时传输，提供医疗服务。

(四) 在网络医学资源中的应用

通过网络能够获取的医学资源非常丰富。网络中有关于医学文献、医学教育方面的信息，以及在各个医疗机构中的图像、基因数据库等，这些信息都可以通过计算机技术获取，医务工作者在相关数据库中可以进行检索，查询自己需要的资源。近年来，医学教育应用这一技术比较多，通常在教学中为学生展示有关人体结构及一些疾病方面的信息等，这就需要以大量的医学资源作为基础。在传统的教学中能够收集的资源非常有限，但通过计算机技术就能够对相关的数据进行处理，并储存在数据库中，如一些图像、文字等医学资源。这些信息不需要进行额外的准备，在网络上都可以收集到，只要进行简单的检索和整理，就能够应用在教学活动中。

二、计算机技术在医学信息处理中的重要性

(一) 信息处理的科学性和高效性

计算机技术最大的优势就在于数据处理的效率，无论是数量还是速度，都不是其他方式能比的，自从进入大数据时代，在信息处理方面已经不再有

难度。计算机技术的应用让医学信息的处理效率得到很大的提升，因此在医疗中也不断进行着尝试和创新。从上文中的几点应用中可以看出，计算机技术为医疗界的各个方面提供了强大的服务，让医疗的价值在社会上得到充分发挥，让医学信息的处理更具有科学性和高效性，对医学的发展产生重大的影响。尤其是远程医疗方面，更是体现了信息处理的及时性，打破了时间和空间的限制，让更多人能够享受到医疗服务，避免由于医治不及时导致悲剧的发生。在医学教育方面则有利于提升医务工作者的综合素质，提高医疗水平。

(二) 在治疗过程中提升工作效率

在医务工作者进行治疗时，经过患者和相关监护人的同意，利用计算机技术可以进行跟踪治疗。由于近年来在数据技术上的进步，在数据库中可以储存的资源已经完全满足实际需求，医务人员利用信息技术能够将治疗对象的一切医疗信息储存在数据库中，如图像和病例等，而这些数据在进行整理后，医务人员能够进行有效分析及准确记录。在实际的治疗中，医务人员能够利用的计算机技术越来越多，能够获取的资源也越来越多。过去由于时间的流逝导致信息丢失的情况已经不会发生，而且不必花费过多时间进行整理，在计算机技术的帮助下，数据能够被轻松查找到。很多不常见的数据也能够有效保存，在使用的时候也不会有地点的限制，只需要对计算机进行简单的操作。

三、进一步加强计算机技术在医学信息处理中应用的对策

(一) 提高网络性能

虽然计算机技术能够满足现在医疗界的基本需求，但人们对医疗水平提出的要求越来越高，这导致医疗界对计算机技术的需求也随之提升，因此提升网络性能是必要的措施，也是近年来相关领域的人才一直在努力的方向。计算机技术应该具备更加突出的性能及更低的成本，同时提高相关信息的开放性。开放性就意味着计算机技术在进行网络建设的时候使用更加开放的网络系统，建立更加统一的体系。这一切都要参照通信协议的标准，将各个计算机网络进行连接。提升性能则是将网络能够提供的服务及传输数据的速度进一步提高。而性能的提升依旧要以低成本为原则，因此还需要技术上

的创新。当下医学信息的处理涉及大量的数据来源，这些来源都需要进行集中，才能提升网络性能，这就需要借助更加先进的计算机技术将这些零散的信息进行集中处理，让信息的交流和传输更具有效率。

(二) 提高网络安全性

各行各业对网络的安全性都是非常重视的。计算机网络是开放性的网络系统，因此其信息安全上的隐患一直受到社会各界人士的关注。医学信息系统利用计算机技术对一些在医疗界比较有价值的信息进行处理，其中包括大量的医学影像及文字，涉及患者的个人隐私，一旦泄露，其造成的影响是不可预估的。因此当计算机技术应用在医学信息处理中时，其数据的真实性和安全性是非常重要的。在网络安全上还需要进一步加强，相关的安全技术也要进一步研发，如防火墙技术，对医学信息系统进行更加严密的防护，一些重要的医疗资源及患者信息则要进行特殊加密，防止由于网络系统的漏洞造成信息泄露，给医疗机构和患者造成不必要的损失。

(三) 提高网络可管理性

管理的作用就是将原本零散的信息进行更有效的组织，让医学信息能够为社会提供更加强大的服务，发挥出更大的作用。医疗机构应该注重计算机技术及信息系统的管理工作，在进行信息处理的时候要注意提升其可管理性。对信息系统中的数据库、服务器及相关的设备要加强管理，信息处理不当会在很大程度上降低医疗机构的工作效率。而网络的使用也要进行更加系统的管理，让各部门之间的信息交流更有秩序，提高医疗系统的工作效率，让信息处理更加具有实用性，这也是对医疗水平的提升。信息系统要定期维护和管理，确保其时刻保持良好的服务状态。

总之，将计算机技术应用于医疗界，是时代进步的象征，也是现代社会的需求，随之而来的是医疗水平的提升及一系列需要解决的问题。其中不只是技术上的问题，医疗界本身也要随之改变，让计算机技术的优势能够充分发挥出来。医务人员应该对计算机技术进行学习，对计算机技术的应用更加熟练，同时让医学信息的处理更具有效率，为社会提供更加强大的医疗服务，降低医疗成本，提升网络在医学信息处理上的功能性。

第四章　计算机技术在农业现代化中的应用创新

第一节　计算机技术在农业节水灌溉中的应用

我国作为农业生产、消费与人口大国，始终将农业生产排在首位。近年来，虽然农业生产技术不断更新，农业设施得到大量应用，但我国小麦、玉米、大豆和水稻等粮食作物的农用生产用水利用率仍然有较大的提升空间。相关资料显示，我国主要粮食作物生产期间灌溉用水的利用率不足35%，远低于发达国家水平。

我国是农业用水消耗大国，但我国水资源存量却不到世界平均水平的5%，许多原本气候适宜农作物生产的区域，因为农业灌溉用水长期缺乏导致农田沙化、作物歉收，最终导致大量农田因缺水而荒废。因此，提高农业生产的水资源利用率势在必行。众所周知，农业节水是以高效用水为核心，对作物实施精量灌溉一直是节水灌溉的研究重点，即解决何时灌与灌多少的问题。随着计算机技术的发展，通过与自控技术的结合，为最终实现农业节水灌溉创造了有利条件。

一、在节水灌溉领域的应用

（一）技术概述

目前，我国农业自动化灌溉比例呈现逐步上升趋势，尤其是在农业机械化程度较高的东北平原与华北平原，农户充分发挥耕地地形与机械化耕作的优势，大力推广自动化灌溉工程。在通常情况下，农田的自动化灌溉系统主要由水源、动力设备、控制设备、输送设备和喷头组成。在自动化灌溉技术不断应用的过程中，农户发现在解放大量农村劳动力的同时，也不断消耗着宝贵的燃料和淡水资源，为此自动化灌溉工程的"智能革命"与"节水革命"应运而生。

节水灌溉技术能够根据农业生产种植区域中外部环境因子的变化，将其与农作物在各阶段生长所需的水分进行比对和计算，从而确定各个时期耕作区的灌溉时间和灌溉量，最终向相关的灌溉设备发送工作指令来完成灌溉工作。

节水灌溉技术根据各地农业生产的实际情况，充分发挥不同品种农作物蓄水规律和当地水资源条件，尽可能利用天然降水，并在生产过程中以消耗最少的水资源来获取最多的农产品产量。

（二）工作原理与核心技术

计算机辅助节水灌溉技术是将各类安装在农作物种植区域附近的先进传感器所采集的大气湿度、土壤含水量、气温、农作物蒸发量和生长期需水量等数据传输到控制中心，而控制中心则将所得到的环境数据与农田中种植的各种农作物在生长期的实际需水量进行比对，从而决定各类灌溉设备何时开启、何时关闭，以此来实现农业节水灌溉。

以计算机辅助节水灌溉技术为核心的农业节水灌溉系统，其核心技术在于：如何精准地获取各类气候环境数据和土壤、农作物体内的水分含量等与农作物生长期水分因子相关的数据资料；如何精准地控制每次灌溉的用水量；如何将灌溉用水精准地施放在农作物上。

（三）技术优势

首先，计算机控制技术极大地提高了农户的工作效率，彻底改变了以人工控制灌溉设备启闭的作业模式，为多点作业和大面积连续灌溉创造了有利条件。其次，计算机辅助节水灌溉技术能够精准地判断土壤、大气和农作物体内的水分含量，为每次灌溉作业的用水提供精确的数据依据。再次，通过各类监控设备，计算机系统能够及时发现管线或喷头等设备上存在的破损情况，可以及时通知农户进行更换，以减少额外的水量损失。最后，系统既能根据水压情况进行全智能调整所有控制口，以解决大面积农田供水不足的问题，又能在夏季根据大气温度避开每日气温最高的时间进行灌溉，而在冬季能避开温度较低的黑夜进行灌溉，从而保证农作物灌溉作业的充分性和合理性。

二、在环境因子感知系统中的应用

(一) 土壤水分含量测定

土壤水分作为农作物生长的主要来源，其供给量占到整个农作物生长期内耗水量的 90%～97%，几乎参与植物生长过程中所有的物理与化学反应。同时土壤含水量是诸多农作物生长所需营养元素的有效溶剂，因此土壤含水量的测定是进行节水灌溉的先决条件。目前，科学家通过各种先进的探测手段来测定土壤含水量，可分为直接测定法与间接测定法，其中直接测定法是利用干燥或化学反应直接测算出土壤绝对含水量，但该种方法需定期对所需测定的土壤进行采样，采样的精度和样本的代表性与数量等级直接影响数值准确性。鉴于上述原因，在计算机辅助节水灌溉系统中，通常采用间接测定法，利用测量与水分变化相关的物理量间接测量土壤含水量。

对各类间接测定法的测量数据进行分析和比对，综合考虑测量精度、及时性与成本等因素，建议充分发挥负压式传感器的优势，并对其存在的问题进行改进。

首先，针对部分陶制探头容易损坏的问题，可采用不锈钢外套进行加固，既增加了陶制探头的整体强度，又不会改变原有的探头结构。

其次，进一步减少因农作物种植期间反复开掘探头进行加水维护作业，而导致陶制探头对附近土壤紧密度出现不利的波动。在试验中发现如果单一增加原有集水器的长度和容积，虽然能延长探头进行加水作业的时间，但也会对设备的测量精度产生影响，在进行大量改进试验后，研发了一种外设储水装置，通过螺栓和橡皮管道与集水器相连，利用连通器原理对集水器进行补水。该储水装置体积较大，因此在农作物的生长周期内无须再开挖集水器进行补水作业。

(二) 部分大气环境指标测定

在诸多大气环境指标中, 大气温度与大气湿度是与农作物水分需求变化直接相关的两项指标, 其中大气温度决定了农作物呼吸作用与蒸腾作用的强度, 大气湿度决定了降水量。目前, 各类温度计与湿度计的技术已十分成熟, 其产品测量准确率和使用寿命已经可以充分满足农业生产对温度和湿度的要求, 尤其是进入互联网时代, 上述两种设备的生产厂家也纷纷将信息化技术融入产品中。因此, 为了更好地应用互联网技术, 在计算机辅助农业节水灌溉系统中可大量采用具备互联网数据交换功能的测量设备。

为进一步提高农作物生长期间部分大气环境指标的测定精度, 建议适当提高上述设备的布置密度, 并选用测量精确度较高的仪器设备。同时, 农户亦可采取由农业气象部门提供的大气环境指标预报, 将其与自身采集的农田区域大气环境指标进行比对, 可大大提高数据的准确性。

三、在输配水系统中的应用

计算机数据库系统通过计算收集各个数据信号, 向灌溉系统内的设备发出运行信号, 从而完成整个灌溉过程。在这一过程中, 计算机技术起到了积极的节水控制作用。

(一) 平衡配水

在灌溉系统中, 动力设备与管线设备分别为灌溉用水提供动力和压力, 由管线输送到农田的各个区域, 但在传统灌溉作业中, 存在的最主要问题便是管线内水源压力的差异性, 部分靠近提升泵等动力源的农田可以得到充分灌溉, 部分远离动力源的农田却因水源压强和沿途水量的损失而不能得到有效灌溉, 要完成所有灌溉工作势必造成部分近处农田超量灌溉的问题。

针对上述问题, 应充分发挥计算机及微电子测量设备在水量控制上的优势, 可通过以下方案来提升节水效率。首先, 根据需要灌溉的农作物面积与需水量大小, 合理布置各类灌溉管线, 以满足所有农作物的灌溉需求; 其次, 在每一处灌溉干管与支管的接口处安装测量支管水量的流量计; 最后, 在灌溉支管流量计后安装节流阀。此系统在作业时, 灌溉支管上的流量计不断读取向支管方向输送的水量，并将其水量数据向中央数据库传输，一旦数据库发现某一支管的水量达到本次灌溉控制量，便立即发送信号命令关闭支管上的节制闸，以达到节约用水的目的。

（二）管线检查

在进行机械化自动灌溉的过程中，由于各类管线破损和接口松动而造成的灌溉用水浪费也是农业灌溉的一大损失，且部分渗漏点往往在土壤内，不利于日常巡视与日常维修。灌溉管线在没有破损的状态下，其总量和总水压是基本恒定的，但是一旦管线在某处出现破损，就会导致水量和水压的损失，其管线内水量与水压的核算也将出现紊乱。

根据灌溉面积的大小和灌溉网络长度，合理布置一定数量的高敏水压计，在确保所有管线均无渗漏的前提下，读取每一处高敏水压计的数据，在后期运行中如发现某一处高敏水压计出现读数异常，便可判断渗漏点的大致位置。

四、在节水灌溉数据处理中的应用

（一）灌溉数据库的建立与应用

农业生产与工业制造不同，受当地气候环境、土壤性质、耕作水平和农作物品种等客观因素的差异性影响较大，即便是传统的农作物，如小麦、水稻和大豆等也会在区域内存在品种上的区别，而这些细小的区别将会在植物生长期与耗水量上体现明显。为此，要建立和完善各地农作物灌溉数据库，明确各农作物单位面积在生长期内的蓄水量、最佳灌溉部位等数据，为各项节水灌溉工作的开展奠定基础。在灌溉时，操作人员或系统仅需结合当时的气温、土壤含水量等环境因子，依据农作物种植面积与种植密度便可完成灌溉用水量的计算。

（二）环境信息的综合处理

在农作物的生长期内，各类气候因素对农业生产灌溉量会产生较大影响，为进一步提升节水灌溉率，在灌溉时应充分发挥计算机系统的环境信息处理能力，如夏季气温较高，需每天对农作物进行灌溉，若计算机系统得知某日午后将会有雷阵雨，则可在当期清晨适当减少灌溉量；而在数日内无降雨的前提下，为了保证水分的正常供给，计算机可将灌溉选择在环境温度较低、水分蒸发量较小的夜间，从而减少灌溉期间的水量损失。

农业节水灌溉技术的实现不仅依靠各类农业设施工程，更加依赖于对各类灌溉技术的运用和掌握，而计算机技术的应用能够降低人员操作频率和环境因子的影响，最大限度地实现节约水资源。在计算机技术的辅助下，农业灌溉的自动化和智能化水平得到了提高，大幅提升了我国农业生产的水资源利用效率，为提高水利用系数发挥了重大作用。

第二节　计算机与 PLC 一体化控制技术在农业智能化生产中的应用探究

随着农业信息化发展的不断深入，农业智能化技术越来越受到重视。其中，计算机与 PLC 结合的一体化控制技术利用计算机强大的计算能力及 PLC 先进的控制能力对农业智能化生产过程环节进行管理和控制，有效提升了农业生产的效率。计算机与 PLC 一体化控制技术主要对生产环节数据进行监控与分析，结合农作物生长的规律，调控农作物的生长条件。目前，计算机与 PLC 一体化控制技术已经成为促进现代农业生产的主要组成部分。

一、计算机与 PLC 一体化控制技术分析

目前，对农业生产实行的计算机与 PLC 一体化控制技术主要是从空气、土壤温湿度、采光及施肥管理等方面进行智能监测，通过对各个功能模块的信息输入，实现对农业生产环境的总体把控。在此过程中，主要以计算机控制系统和 PLC 模块结合的一体化控制技术为核心，并结合其他配套设施实现上述需求。农业生产条件各类指标的设置是通过计算机控制系统收集各类终端感应设备传输的数据，经过科学计算后发出对应控制指令，传输给 PLC 模块，再由 PLC 模块发出执行指令对各个终端设备进行实时调节，以实现对环境的自动化控制与管理。

以调节番茄的种植环境为例，此类作物喜温，环境温度明显高于或低于标准值都会对作物的正常生长产生不利影响。可以将系统的预警温度值定为25℃，如果实际环境温度在预警范围内，则计算机控制系统不会发出指令；温度一旦高于预警值，计算机控制系统就会向温控设备发出降温的工作指令，使室内温度回落到正常范围；温度低于预警值，计算机控制系统也会向温控设备发出升温的工作指令，使室内温度回升到正常范围。利用先进的计算机与PLC一体化控制技术智能调控生产环境，可保证农作物健康生长。

二、计算机与PLC一体化控制技术的实现方式

（一）系统需求

计算机与PLC一体化结合的农业智能化生产控制系统一般包括以下5类设备：第一，计算机控制系统。它是一套计算机监控调整软件，作为发布系统指令的角色，运用先进的信息技术手段对收集的数据进行分析后，按需求向PLC模块发出调控参数，为农作物营造适宜的生长环境。第二，PLC模块。此模块为系统的核心执行组件，接收计算机控制系统的调控参数并对相关的终端设备进行控制。第三，湿度控制设备，例如卷帘。卷帘的主要作用是控制和调节作物生长环境的湿度。湿度过高则打开卷帘，使湿度下降；湿度过低则关闭卷帘，使室内湿度升高。第四，供水设备，例如水泵。当种植环境的土壤湿度高于预设标准时，水泵停运；当种植环境的土壤湿度低于预设标准时，水泵开始供水，以增加土壤中的水分含量。第五，温控设备，如温控机或遮阴帘。无论生产环境的温度高于或低于预期指标，均可启动温控设备来调节温度，保持温度平衡。

（二）系统设计

系统若要实现对作物生长环境各类指标的调节，便要囊括计算机控制系统、PLC模块及各类调节设备在内的诸多自动化设备。各种传感设备可探测出当前生长环境的各项指标，PLC模块将各类探测指标传输给计算机控制系统进行科学分析，计算机控制系统以先进的算法对不符合标准的指标进行调节并发出调控指令进行相关操控。调控操作是由计算机控制系统发出

的，PLC 模块执行并转换成机器语言对终端发出调控指令。在这个系统里，计算机控制系统是大脑，PLC 模块是传导神经，缺一不可。计算机与 PLC 一体化控制系统在设计上应具备以下 3 种模式。

1. 手动控制模式

当管理人员需要临时调节各项指标参数时，可对计算机控制系统的各项参数进行手动调节，以适应特定生产环境条件下的特殊需求。在这种模式下，人为地进行系统与设备操作可灵活调整各类生长指标。

2. 定时控制模式

在定时控制模式下，计算机控制系统会根据预先设定好的工作时间与参数，对相关的终端设备发送工作指令。这种工作模式一般是在农业生产环境稳定后，管理人员按照农业生产的最佳方案设定的可重复执行的工作模式。

3. 条件控制模式

计算机控制系统将各终端传感器传回的感应数据与系统设定的阈值进行比较，对低于阈值和高于阈值的情况，根据原先设定的预案进行处理。这种工作模式不需要人为控制，由设备自动运行，极大地提升了工作效率。

三、计算机与 PLC 一体化控制技术在农业智能化生产中的应用

（一）智能化采光系统

智能化采光系统的工作模式是通过光敏传感器，利用光照电流传感原理，将光照数据反馈给计算机控制软件；计算机控制软件通过数据对比将调控参数发给 PLC 模块；PLC 模块根据调控参数向光照设备发出指令，对光照强度进行调整。

本系统的设计主要包含计算机控制软件、PLC 模块、光敏传感器和光照控制设备。计算机控制软件和 PLC 模块作为核心控制部分，用于数据的收集、参数的调整和控制信号的发出。光敏传感器一般可采用光敏电阻、光敏二极管、光敏三极管等。光照控制设备目前在农业智能化生产中主要采用的是由电机带动的遮阳网，当光照控制设备接收到控制系统发送的控制命令后，遮阳网自动开启或者关闭，使光照度达到农作物生长的要求。

（二）智能化温度控制系统

智能化温度控制系统由温度传感器取值，采集实时的温度指标，并传输给计算机控制系统，计算机控制系统将数据与系统初期设定值进行比较后，将执行信号传送给 PLC 模块驱动相关终端设备，对温度环境加以改善。温度改善主要是从自然温度调节模式入手，通过控制通风口的操控设备来降低室内的温度指标，也可以由种植环境内的设备进行温度调节。目前主要的温控调节设备有卷帘机或温控机，二者都可以对温度产生一定的影响。

（三）智能化灌溉系统

智能化灌溉系统由土壤湿度传感器取值，将土壤湿度值通过 A/D 转换模块将模拟信号转换成数字信号后传输给 PLC 模块，之后 PLC 模块将信号传给计算机控制系统，计算机控制系统通过自动调节或者人工手动控制后，将调整后的参数传回给 PLC 模块，由 PLC 模块发出命令控制对应的执行控制模块启停灌溉设备，实现对灌溉的智能化运作。

本系统的核心设备为计算机控制系统和 PLC 模块两部分。计算机控制系统设置对应的操作控制界面，可对控制参数进行设置、实时监控终端状态、对相关数据进行查询等；PLC 模块主要用于接收计算机控制系统的控制操作指令和土壤湿度传感器模拟量输入信号等，并根据系统的要求，计算、处理和输出对应的命令，驱动外部相关控制设备。

（四）智能化营养液施肥系统

智能化施肥系统利用土壤 pH-EC 传感器监测土壤的 pH 和 EC，自动控制施肥。当传感器测定土壤 pH-EC 达到设定上限时，PLC 模块发出指令启动系统进行施肥灌溉；当测定值达到设定下限时，施肥灌溉停止。计算机控制系统和 PLC 模块根据传感器的测量值对施肥灌溉系统进行控制，灌溉时需要不间断地对土壤 pH-EC 进行监测，以保证植物对肥料的需求。营养液施肥系统中水肥一体化混合控制设备一般采用文丘里施肥器，水流经过安装文丘里施肥器的支管时，用水流通过文丘里管产生的真空吸力将肥料溶液从肥料桶中均匀地吸入管道系统，与水流混合后进行施肥。

目前，营养液施肥控制系统的施肥方式可分为人工控制、定时控制、条件控制3种。3种执行方式的核心思想相同：当需进行营养液施肥时，计算机控制系统根据系统设定好的营养液 pH、EC，利用文丘里管进行水肥混合，同时实时监测混合营养液的 pH、EC，根据 pH、EC 设定值与检测值之间的偏差来调整混肥阀的注肥频率，在短时间内使营养液的检测值和设定值之差在允许的范围内。不同的是，在人工控制模式下，由人工控制计算机控制系统发出施肥指令；在定时控制模式下，由计算机控制系统按事先设置好的施肥时间自动控制施肥作业；在条件控制模式下，由计算机控制系统对传感器传回的土壤 pH 和 EC 进行对比，根据设定的控制条件按需施肥。

（五）智能化预警系统

智能化预警系统利用各类智能化系统的探测设备与计算机控制系统结合，由计算机控制系统接收探测设备发出的信号。当生产环境情况不佳时，如光照过强、温度过低、湿度过高等，预警系统立即采取对应的方式在计算机控制系统内提示或以声光形式发出报警信息，提醒管理人员及时处理。

我国农业正处于从传统农业向现代化农业转型的新阶段，以计算机与PLC一体化控制技术为标志的智能化农业是现代化农业的重要标志。进一步提升计算机与PLC一体化控制技术在农业智能化生产中的应用水平，可为提高我国农业现代化建设水平、加快农业现代化发展进程、提高农民收入起到重要推动作用。

第三节　计算机技术在农业机械管理中的应用

如今，国内的农业生产技术发展水平不断提升，农业机械设备的使用数量也不断增加，为了保障农业机械生产的有序开展，提高农业机械管理体系的有效性就显得非常有必要。计算机技术已在不同领域中得到普遍应用，将计算机与农业机械管理体系融合，可以在一定程度上促进农业机械管理效率的提升和流程的简化，给其实际应用带来更多的便利。

一、农业机械概述

(一)农业机械的制造

在传统形式的农业机械设计与制造的过程中,大多是工作人员根据经验开展相关工作,制造工艺的科学技术含量相对较低,制作的机械设备也较粗糙和简陋,在实际的生产活动中也存在很多问题。如今,科学技术水平不断提升,在设计农业机械的过程中,需要充分发挥计算机技术的作用,满足当下不断发展的机械设计要求,同时彰显计算机技术的优势。除此之外,计算机技术的应用可以帮助工作人员将农业机械设计数据控制在一定范围内,提升制造的精度。借助计算机软件设计和制造机械零部件能量化处理设计的依据,修正与模拟机械设备,为农业生产活动顺利、有序的开展奠定基础。

(二)农业机械的维修

在设计和制造农业机械的过程中,需要积极应用科学信息技术,进一步提升其科技性和科学性。在运用科学信息技术的过程中,也可能出现一些故障,故障类型与频次的增加也是科学信息技术优势无法充分彰显的阻碍,使农业机械的维修难度增加。相关工作人员需要对此予以高度重视,不断优化传统的工艺技术,借助科学信息技术对现有体系进行完善和创新,确定设备的故障原因,在最短的时间内抢修设备,这有助于节约人力、物力,能够在保障工作品质的基础上提升工作的实际效率。此外,GPS 定位体系也能够被运用在农田开沟的过程中,提升直线控制设备的效果。

(三)农业机械功能的实现

农业机械逐渐从单一朝着复杂和精细的方向发展,这促使农业生产系统的便利程度得到有效提升,从定量的角度合理控制播种量。此外,借助计算机的精准计算功能可以避免很多因人工操作产生的问题。相信随着计算机技术的深入运用,我国农业体系将会进一步发展。

(四) 农业机械作业品质的监控

传统意义上的机械设备作业品质的监控工作指的是在完成农业机械工作之后，借助人工对农业工作进行检测及质量监测。例如，对漏播率、播种的密度与脱粒效果等展开质量监控，这些都是在农业机械作业后再开展的抽样检测工作，可以分析农业机械设备的作业品质，但是无法实时监控农业机械的作业状况。计算机技术的应用使不同时刻的农业机械作业状况能够被实时监测，同时能够借助人工干预或者自动调节的方式调整与管理农业机械，在发现问题之后及时干预维修。在规模比较大的田块中进行开沟操作时，能够应用计算机技术确定田块两端的 A、B 两个端点，借助 GPS 技术对拖拉机的方向和路线进行实时调整，从而解决直线开沟的问题。如今，大部分农场借助物联网技术对部分区域的实际作业状况进行了监控，同时能够及时发现相关问题并解决。

(五) 农业机械的信息管理

农业机械的信息管理工作包括收集与分析农业机械信息、对其内部信息的反馈与存储等，需要借助计算机管理体系对其进行管理。如今，农业机械的功能更为强大、覆盖率更高，同时更深层次的农业机械计算机管理体系已经得到了农业机械单位及相关部门的高度重视与关注。在农业机械管理工作体系中，计算机技术的创新可以为农业现代化、机械化的发展创造广阔的空间，具有良好的发展前景。

二、农业机械管理水平的提升途径

(一) 国民经济的信息化

在新的时代背景下，国民经济信息化水平的提升是不同行业落实现代化举措的关键所在。同时，需用合理的措施对具有不同服务性质的组织予以政策的扶持和鼓励，使农业机械信息化网络得以被创建出来。虽然如今计算机技术在农业机械管理过程中得到了一定的应用，信息化建设体系的成果逐渐凸显，但是其整体水平依然有待提升。如何深入地在农业机械管理过程中应用计算机技术，这一问题值得被进一步关注，以提升农业体系的现代化水平，使农业机械管理信息化水平进一步提高。

(二) 农业机械信息网络体系的创建

农业机械信息网络体系的创建与各级政府的投入存在直接的联系。首先，需要站在政策的角度进一步加大在农业机械信息化建设方面的投资，借助多样化的形式与渠道筹集农业机械信息化建设的资金。其次，不同等级的领导需要进一步强化农业机械管理信息化意识。在农业机械管理体系中，农业机械信息网络体系的创建是非常关键的。再次，需要统一规划，使农业机械信息网络体系得以有效落实，待到条件成熟之后，扩大农业机械信息网络体系的范围。最后，创建中心数据库体系能够联合农业机械信息机构，解决如今的信息体系横向联系不足的问题，采集国内外机械信息与关键技术，从而有效满足农业机械体系的要求。

(三) 垦区农业机械信息网的创建

如今，在创建垦区农业机械信息网的过程中，需要面对的首要问题是信息品质不高、共享性相对较差、内容有所重复。农业机械数据库体系并不只是为单机服务，农业机械信息网络体系并未形成。因此，农业机械信息资源体系需要进一步提升信息品质，激发信息的潜在价值，使数据库的内容能够满足不同类型农业机械户的需求。除此之外，还需要解决信息标准化等问题，提升系统的兼容性，共享信息资源。农业机械体系信息化建设需将硬件建设与软件开发作为切入点，为技术与实力水平比较高的系统提供必要的支持，使系统的规模与技术水平能够得到进一步的提升，提高软件体系的开发水平，合理规划软件工程，改善软件体系的环境。

(四) 信息化人才的引进与培养

为了进一步提升农业机械信息化水平，需要使现代化的农业机械管理能力得到进一步的提升，人才是整个农业机械信息网络体系的关键环节。在应用该体系的过程中，素质水平比较高的创新型人才与专业能力强的队伍是关键保障。因此，需要加强对信息化人才的培养。对此，可以在院校中专门开设农业机械信息化专业，加强农业机械人员信息技术水平的再提升，强化农业机械设备的管理，使工作人员的专业优势能够充分发挥出来；还需要加强对与现代化农业体系发展需求相适应的新型农业机械户的培育，使其能够借助信息技术提升经济效益。

三、计算机技术在农业机械管理中应用的积极影响

随着计算机技术的发展，管理体系也需要积极创新。例如，农业机械管理准确与便利程度的提高、管理工作细化、农民积极运用农业机械设备等，使计算机技术能够在农业机械管理体系中发挥巨大的作用。

（一）农业机械管理准确与便利程度的提高

计算机技术的引进能够使农业机械管理体系中的信息收集及录入等相关工作变得更加精准与高效，同时农业机械信息逐渐朝着更加完善的方向发展，计算机技术与辅助性质的软件能够及时收集与反馈相关信息，这有助于相关农业机械管理工作人员与领导人员做出更为准确与科学的决策和部署。在进行农业机械管理工作的过程中，提升信息检索与查询过程的便捷性，能够有效减少农业机械事故，快速调取农业机械年检等相关农业机械信息，使管理工作的流程变得更加有序与高效。

（二）管理工作细化

在农业机械管理体系中，计算机技术的运用能够使农业机械信息与相关操作人员的信息之间逐渐形成网络化程度更高的数据链条，管理部门能够调取并统计不同区域内农业机械设备的质量、操作人员变动的情况、检验与审核的情况等，在一定程度上能够使农业机械管理工作的覆盖范畴得到进一步扩大。随着信息传递速度的加快，资源信息共享水平得到提升，管理人员与农民之间的联系愈发紧密，从而不断提升农业机械管理工作的科学水平。

（三）农民积极运用农业机械设备

计算机技术的引入使农业机械管理体系得到进一步优化，农业机械体

系管理工作人员能够第一时间对相关农业机械信息及与其对应的家庭信息进行提取与了解，使管理工作人员与农民进行沟通的过程更为顺利，免去了解农民应用农业机械情况的流程，使农民能够对科学应用农业机械设备体系的必要性进行深入的了解。另外，优质的管理工作也能够使农民对农业机械管理体系予以高度重视，从而提升农民使用农业机械的积极性。

在新时代的背景下，农业机械管理部门人员在完成本职工作的基础上，需要积极促进新技术与新思维的有效融合，探索信息化与技术水平更高的创新工作模式，借助计算机与信息技术的有效融合，进一步提升自身的工作能力，使农业机械管理工作能够更加符合行业未来的发展需求并更加符合农民的预期，促使农业机械管理体系能够进一步提升国内农业体系的机械化水平，为农业体系的全面发展提供保障。

第四节　计算机技术在农业经济管理中的应用机制

随着计算机技术的不断成熟，该技术逐渐被广泛应用于现代农业经济管理中，有效解决了传统农业经济管理数据不清晰、智能化水平不足等问题，为全面推进农业产业的立体化、智慧化提供了重要动力。

一、计算机技术在现代农业经济管理中的应用价值

随着当前计算机技术的不断成熟，目前我国计算机技术创新应用成果与农业现代化发展融合趋势明显提升，实现了计算机技术在农业生产、农业经营、农业营销及产业管理领域的全面应用。从整体上看，在现代农业经济管理过程中，合理应用计算机技术，系统化开展现代农业经济管理活动，能进一步完善农业经济发展的产业化链条，全面提升现代农业经济发展水平。

（一）为现代农业经济发展提供智慧动能

当前，计算机技术向农业经营、生产管理、市场营销等各个领域全面延伸，合理应用计算机技术，有利于农业产业推广普及新技术和新设备，优

化农业产业资源要素配置。随着农业产业现代化建设的日益完善，农业产业生产方式、经营机制和营销体系都需要引入注重管理机制的智慧化升级。通过发挥计算机技术的科技优势，有效提升农业产业化发展水平，夯实我国农村经济管理的基础。计算机技术加速了农村产业融合发展进程，增加了农业产业的经济附加值。因此，在建设现代农业的过程中，要结合该地区农业产业发展规模、计算机设施基础和农民科技素养等一系列因素，通过完善计算机技术应用机制，持续增强农村经济发展动能。

(二) 推动现代农业经济产业链建设

在计算机技术成熟应用下，农业产业出现了诸多新变化，无论是服务理念还是产业供应链，都实现了规模化、系统化发展。通过发挥计算机技术在多个领域、多个环节的应用优势，持续优化现代农业经济发展路径，进一步提高了农业产业各个环节的协作水平。合理利用计算机技术，有效把握市场对农产品的实际需要，实现了农业产业经营数据的及时共享与高效沟通，从而便于相关经营主体及时调整、优化农业经营方式，使农业经济管理获得最佳效益。在发挥计算机技术优势的背景下，推进农业产业管理模式智慧升级，为乡村经济发展带来全新的生产力。

(三) 为农民扩大增收提供新途径

"互联网 +"农业是现代农业产业发展的时代趋势，全面、系统地应用计算机技术，有助于构建市场主导、技术驱动的现代农业产业经济体系，扩大农民增收途径。当前农业经济发展进入新常态，农业科技成果转化取得初步成效，农业产业发展所需的资源也得到初步改善。计算机技术的优势提高了农业经营效率，推动计算机技术与绿色农业建设融合发展，全面完善农业产业发展链条，使农民增收、农业增效、农村增富，切实增强农村经济发展的产业实力。

(四) 为农业产业科学化、智慧化发展提供新可能

计算机技术的成熟应用为推动农业经济现代化管理提供了关键驱动力。通过发挥计算机技术优势，制定符合现代农业经济管理的发展方案，构建现

代农业经济管理模式，有效利用农业发展资源，加快农业产业融合进程，充分适应农业产业资源共享的时代趋势，以此发挥良好的产业集聚效应，形成"互联网＋现代农业"的发展机制，从而有效开发、挖掘农业资源，增加农民收入，有效维护农村生态环境。

二、计算机技术在现代农业经济管理中的应用机制

在计算机技术成熟应用的背景下，农业产业的经营环境、发展环境出现了重大变化。通过发挥计算机技术的应用优势，全面提升了农业产业的经营效率与产业效益。综合来看，利用计算机技术推动现代农业经济管理机制智慧化升级，需要从以下角度出发。

（一）树立"互联网＋"发展思维，将计算机技术融入现代农业经济管理全环节

从我国农业产业的发展趋势来看，进一步发挥计算机技术优势是有效解决农业产业经营薄弱问题的重要路径，与农业产业经济融合发展趋势相适应。因此，在农村产业经济现代化、规模化发展的背景下，农业产业不断转型升级，要重视发挥计算机技术的智慧与工具优势，将"互联网＋"发展思维融入农业产业发展与经济管理全过程；要重视政策引导作用，通过发挥产业叠加效应，构建完善的农业产业链条，推进城乡经济协调发展。

（二）全面优化农业经济管理流程，构建新的农业经济管理模式

在推进农业领域信息化建设进程中，要注重用智慧化技术收集、分析和研判现代农业经济发展的走向和问题，使用计算机技术优化农业经济管理模式，全面提升农业产业生产效率，优化农业产业经营流程。传统农业产业经济在发展过程中各个环节衔接不足，产业经济的融合优势未能得到有效发挥。因此，在计算机技术的助力下，农业产业的生产资料采购、农产品市场营销和技术服务等各个环节实现了全面融合，形成了新的智慧化管理模式。当前，农业产业积极参与"互联网＋"发展，通过筛选符合农业实际，对农业经营有效的数据信息后，再对农业产业市场进行智慧化分析，助力相关农业主体适时调整经营方案，构建智慧化的农业经营模式，提高农业经济管理智慧化水平。

（三）加快农业产业优势资源共享进程，推动农业产业集聚发展

在利用计算机技术开展农业经济管理的过程中，通过发挥计算机技术优势，加快农业资源信息共享进程，积极扩大农业产业集聚优势，有助于及时把握农业市场的发展机遇，充分降低农业经济管理成本，推动农产品品质全面升级，既增加了农产品的市场附加值，也提高了农产品的市场口碑，实现了农业产业经济的智慧化、现代化管理。通过积极塑造"用户导向"智慧化经营管理机制，将信息技术全面融入农业产业发展的各个链条，使计算机技术广泛应用于农产品生产、加工、营销与存储的各个环节，为农业产业集聚发展提供良好空间。

（四）坚持农民主导理念，全面拓展农业产业发展空间

以现代农业为内核理念，构建可持续、智慧化发展形态是当前农业产业全面创新、发展和突破的重要方向。想要实现农业经济管理的最佳目标，就要充分重视农民主导理念，通过深入农村发展，扩大农民增收途径，围绕农产品销售构建完善的农业产业机制，为农民致富、增收探索新的发展方向，全面拓展农业产业的发展空间。通过利用计算机技术对农业产业进行改造升级，使计算机技术与乡村振兴战略相融合，扩大农业产业的市场发展空间。

一直以来，受行业天然局限性、人才、技术等多种因素的影响，农业产业化发展明显滞后。在推进农业产业化、智慧化发展的背景下，从农业技术更新、农业机械设备采购到农业技术人员培养，都需要强有力的智慧技术。因此，要以计算机技术优势为基础，搭建农业产业发展平台，全面扩大农业产业空间，为农业经济发展提供新的"互联网+"视角。

第五节　农业生产中计算机视觉与模式识别技术应用

现代科技的不断发展改变了传统的农业生产模式，在现代农业生产中

通过应用新技术可以大大提升生产效率，还能利用机械设备完成相对复杂的工作任务。其中，计算机视觉与模式识别技术主要利用计算机智能技术模仿人的视觉，借助计算机技术指导农业生产。在农业生产中利用这种技术，无论是对种植管理，还是对后续的收获分级，以及对土壤的保护都具有非常重要的现实意义。

一、计算机视觉与模式识别技术概述

计算机视觉与模式识别技术属于模式识别与人工智能交互技术，该技术可以将获取的事物图像借助电脑进行分析，从而获得相应的数据信息和处理程序，要完成这个流程需要借助计算机成像技术、图像处理技术、模式识别技术、人工智能技术、自动化技术等。因此，该技术的应用具有较强的综合性，科技特征十分明显。借助计算机对相关的内容进行数据分析，可以有效指导农民完成相关的管理和收获工作。

二、计算机视觉与模式识别技术在农业生产中的应用

(一) 帮助农民快速完成种子的检测与鉴别

借助计算机视觉与模式识别技术中的图像分析，可以将种子的成分科学地分析出来，并以数据的方式完整地展现在工作人员面前，工作人员借此可以判别种子的质量，划分种类，从而有效评估种子的价值。经过对计算机视觉与模式识别技术的长期研究，当前可以借助这种技术分步骤进行农业生产分类，对于提升生产效率具有一定的积极意义。

(二) 在农业产品种植环境监测中的应用

一方面，农业种植要关注种子的品质，这会直接影响产量和质量；另一方面，为保证农作物的健康成长，需要提升对农产品种植环境的重视程度。对于土壤、气候等自然条件而言，传统的人工农业生产难以做到直接、准确及全面的了解，而应用计算机视觉与模式识别技术可以实现这一目标。计算机视觉与模式识别技术可以根据网络数据库给出的数据进行对比分析，从而形成数据信息给农业生产人员以科学的建议。根据新品种的生长情况，判断

当前的生长环境能否满足生长的需要，从而及时给出信号，避免带来不必要的损失。我国的国土面积较大，地理环境和气候环境存在较大的差异，因此这种技术的应用，对促进我国农业的进一步发展具有重要意义。

（三）在农产品生产过程监视的应用

在农业生产中，不同的农作物通常具有不同的生长周期，在生长过程中农作物的长势情况直接影响最终的产量和质量。在具体的环境中，农作物会受到多种因素的影响，因此需要及时进行人工干预，从而保证最终的产量。计算机视觉与模式识别技术的应用可以实时对农作物的生长环境进行监视，并且快速掌握周边的自然条件是否会对农作物产生不利影响，通过这种监视可以形成数据信息并传递给农民，农民根据数据信息及时进行调整。当前，这种技术在农作物过程监视方面的应用只是处于初步阶段，今后将进一步加大研究力度，通过降低技术的应用成本，扩大综合效益。

（四）计算机视觉与模式识别技术在农业生产收获中的应用

利用计算机视觉与模式识别技术能够有效解放劳动力，减少对劳动力的需求量，尤其是对农业生产中过于精细的工作，传统的模式对人工的依赖性大，而利用计算机视觉与模式识别技术可以很好地解决这一问题。就当前而言，可以通过人工传输的目标对象，在农作物的收获季节使用计算机视觉与模式识别技术，从而完成分拣工作。计算机识别技术已经逐渐在农业生产的多个环节中进行应用，这可以大大提升农业生产的效率和质量。计算机技术本身具有一定的可拓展性，通过相关技术的增加，这种技术本身将会发挥更大的价值。

（五）在农药使用和病虫害防治中的应用

对于农业生产而言，日常的农药使用和病虫害防治是一项重要工作。除草除虫也是农民需要耗费大量的精力需要做的事情。在除草除虫的过程中，应用计算机视觉与模式识别技术，能够帮助农民更加准确地完成相应的工作。借助计算机的成像功能，能够让计算机提前对杂草和害虫进行确认，从而自动开展除草除虫工作。

在农业生产中，为保证产量需要适当使用农药，传统的人工喷洒农药存在严重的不均匀现象，甚至由于农药用量过大，出现农作物死亡的问题。借助计算机视觉识别技术，可以根据田间的基本情况，定量、科学地进行喷洒，不仅能够节约农民的劳动时间，还能提升病虫害防治的效果。

（六）可以判断农作物所需要的营养量，帮助农作物生长

农作物在生长过程中，除了需要保证除草和除虫工作外，还应该做好水肥管理，保证营养的供应。长期以来，人们在进行农作物栽培的过程中过度依赖理论，因此在实际生产中存在营养过多或者过少的情况，影响了最终的产量和质量，甚至对环境也造成一定的不利影响。通过将计算机技术应用到农作物的生产过程中，利用计算机视觉与模式识别技术，准确地掌握农作物生长需要的营养量。例如，对于大棚种植的农作物，水分供应十分重要，但过多的水分也会影响产量，因此需要借助计算机视觉与模式识别技术进行科学的控制，既能够保证营养的供应，又能避免营养过剩带来的危害。

（七）在农产品分级、分类中的应用

当前，由于人们生活水平的提升，在收获农作物之后，为了更好地把握农作物的价值，需要对收获的产品进行分级处理，从而根据不同的情况和标准制定相应的市场价格，这对进一步提升农产品的经济价值具有重要意义。长期以来，对于农作物的分类需要借助人工完成，工作量相对较大，并且标准也不够科学，难以对接市场的实际需求。一方面，经过长期的研究可以发现，借助计算机视觉与模式识别技术，可以对农作物的品级进行区分，保证了农作物的总体效益；另一方面，在对农产品进行分类时，计算机视觉与模式识别技术能够按照颜色等特征进行区分，例如在收获苹果时，可以根据颜色将苹果划分成红苹果、青苹果和黄苹果，对于不同种类的苹果可以根据市场的实际需求进行调整，在不同的销售渠道中充分发挥苹果的价值，对于增加种植人员的经济收益具有非常重要的意义。由于技术的不断发展，当前对于农作物的分级处理技术依然不断升级，并且分类的依据也会逐渐增多，跟市场的联系也会越来越紧密。

（八）计算机视觉与模式识别技术在耕地保护中的作用

在农产品的种植过程中，耕地的实际情况影响产品的质量与产量。在传统的农业生产中，对于不同地域的耕地，需要结合实际情况进行休耕处理，以提高土壤的肥力。但目前由于耕地面积日益紧张，因此农民为了更好地获取短期的经济效益，存在过分耕种的情况，长此以往，不利于我国土地环境的健康发展。在农业生产中，应用计算机视觉与模式识别技术可以准确地检测土地质量，从而更好地了解土壤中有机物的含量，明确休耕时机。当前，由于城市发展的需求，可供农业生产的耕地面积不断减少，从事农业生产的人员也会越来越少，因此如何利用有限的耕地做好农业生产工作，已经成为一个非常重要的话题。

三、计算机视觉与模式识别技术中所要面对的问题及发展趋势

尽管计算机视觉与模式识别技术在农业生产中的应用越来越频繁，并且对解放劳动力、降低劳动强度起到一定的作用，但由于相关技术的不成熟及其他因素的影响，我国的计算机视觉与模式识别技术依然有很多问题亟待解决，具体体现在以下3个方面：第一，由于技术层面的影响，当前的计算机对于相关数据的获取与分析相对较慢，因此有时难以及时有效地提供可行性数据报告供研究人员参考指导实际生产；第二，由于农民的学识等因素的影响，对于自动化生产的相关知识不够了解，导致农民对数据信息的了解不够深入，影响了计算机视觉与模式识别技术功能的发挥；第三，我国的自动化生产水平相对于国外还有很大差距，部分生产依然不够精确，这也不利于我国农业生产的进一步发展。

就当前存在的问题，需要明确计算机视觉与模式识别技术的重要性，同时加大研究力度，反复实践，不断提升应用。首先，加大科研投入，不断提升计算机识别的准确率和计算的速度；其次，重视相关知识的培训和普及，让农民充分享受到技术红利；最后，积极向发达国家学习，不断创新，从而在控制精度及自动化生产方面有所改善。

综上所述，农业是我国经济发展的重要产业，也是关系民生大事的产业，利用科技发展农业已经成为一种必然趋势。在应用计算机视觉与模式识

别技术的过程中，需要看到技术本身的价值，同时也需要明确当前存在的问题，加大资金投入，重视创新研究，从而让该技术发挥更大的价值。

第五章　人工智能技术应用

第一节　人工智能技术进步对劳动力就业的替代影响

一、人工智能技术进步对就业总量的影响

(一) 人工智能技术进步对就业的扩张效应

综合现有的国外研究预测结果，主要存在两种不同观点：一种是悲观的预测，认为人工智能将对就业总量和就业结构带来毁灭性的冲击，目前国际社会大多持此观点。美国莱斯大学计算机工程教授摩西·瓦迪（Moshe Vardi）认为，2045 年人类失业率将超过 50%。另一种是乐观预测，这种观点认为从就业总量上来看，人工智能在短期内会形成巨大的冲击，但从长远来看，技术进步对就业总量不会形成巨大的威胁。例如，美国信息技术与创新基金于 2017 年 4 月发布的报告——《错误的危言耸听：技术渗透和美国劳动力市场，1850—2015》认为，目前没有任何证据表明人工智能会引起大规模失业。报告梳理了美国第一次工业革命以来的就业历史数据，发现美国近 250 年的就业市场并没有出现过大规模的就业市场动荡，也没有哪类技术进步引发了大规模的失业，而且尽管工作岗位持续消失，但却有更多的就业机会涌现出来。麦肯锡公司于 2017 年的报告同样显示，目前仅有 5% 的职业可以利用现有技术实现全部自动化，但在大约 60% 的职业中，仅有约 30% 的工作内容可以实现自动化。面对人工智能的发展，虽然短期内人工智能对就业会造成冲击，但是从长期来看，将会创造今天难以想象的新需求、新岗位、新职业、新价值，不会导致大规模失业。

美国学者罗伯特·戈登（Robert Gordon）的一项研究表明，人工智能并不会减少就业，相反，还会以更新的方式创造就业机会。例如：航空公司

和酒店通过在线旅游（online travel agency，OTA）平台为客户提供订票服务，这替代了大部分旅行社的工作；语音识别和语言翻译替代了一部分转录员和翻译员的工作；电脑的电话菜单替代了很多客户服务代理的工作。但条形码扫描并没有减少收银员和出纳员的工作机会。电脑放射扫描也没有减少医院放射科医生的工作机会，仍需要医生在诊断书上签字。

需要说明的是，上述判断是面对未来 20 年左右，而不是 50 年或 100 年之后的世界。总而言之，人工智能确实会取代一些工作，造成劳动力市场的动荡，但也会创造更多新的就业机会，货币政策和财政政策完全有能力创造足够大的劳动力市场。人工智能并不是新鲜事物，在过去 10 多年的发展中，人工智能经历了全球经济低增长时期，但 2009 年以来，就业岗位在持续净增加而不是净减少。

研究者注意到机器自动化对劳动力市场有着不小的影响。它会取代某一行业从事特定工作的劳动者，导致就业机会的减少和劳动者薪酬的降低。然而，在这一过程中，其他部门和岗位可能逐渐大批吸收从机器自动化中解放出来的劳动力，甚至可能由新型自动化技术带来的生产力红利会增加该行业的就业机会。

陈永伟在《人工智能的就业影响》（《比较》2018 年第 2 期）指出，即使有些工作岗位会被人工智能取代，还有很多新的岗位会被创造出来。该报告认为，人工智能对工作岗位的正向作用可以分为扩大需求和创造岗位两种。他认为：首先，人工智能产业发展直接带来了对专业数字技术人才需求量的增长，如芯片设计师、数据分析师、逻辑架构师、机器人制造等职位；其次，得益于技术进步所带来的生产力增长，人们对一般性工作岗位和劳动力的需求也会增加；最后，人工智能的发展极大地提高了新兴创新市场活力，催生出很多就业的新模式、新业态。这些新业态短期内创造了许多新的岗位并带来大量的就业，如快递配送、外卖配送、电商客服、专车司机、网络主播、数据标注员等。考虑更长的时间尺度，人工智能甚至可能产生机器人管理员、机器人道德评估师等职业。

（二）人工智能技术进步对就业的排挤效应

平均而言，当地劳动力市场上每出现一种新型工业机器人就会导致

5~6名劳动者的失业。最早从工业革命发端，经济学家和政策制定者就开始思考技术进步会给劳动力市场带来怎样的冲击。约翰·梅纳德·凯恩斯（John Maynard Keynes）在1929年警告了"科技失业"的到来，华西里·列昂惕夫（Wassily Leontief）则预测"劳动力会变得越来越不重要"。近年，大量研究预计未来美国几乎一半的就业岗位会面临被机器自动化取代的风险，并且指出这种风险会扩展到普通劳动岗位以外的许多有着大量重复性工作内容的白领岗位。

随着劳动者愈发受到国际竞争和新信息技术转移等力量的压迫，关于机器人对就业与薪酬影响的关注也越来越多。达龙·阿西莫格鲁（Daron Acemoglu）和帕斯夸尔·雷斯特雷波（Pascual Restrepo）针对美国劳动力市场的证据，发现机器人（在就业市场）的部署减少了就业机会和薪酬。

波士顿咨询公司的模型估计表明，2027年，中国金融业就业人口可达到993万人，约23%的工作岗位将受到人工智能带来的颠覆性影响，约39万个智能岗位将被削减；而超过77%的工作岗位将在人工智能的支持下，工作时间减少约27%，效率提升约38%。

（三）人工智能技术进步对劳动就业量的影响估算

技术进步对就业既有替代效应又有补偿效应。根据新古典的劳动力需求理论，技术进步对就业的影响主要取决于总需求的技术弹性。美国的历史数据表明，技术进步以后，总体就业人数是增加的。从短期来看，技术进步对需求的影响可能较小；长期来看，总需求的技术弹性可能比较大。因此，技术进步在短期内可能降低就业，在长期内可能增加就业。

市场研究公司Gartner研究报告指出，由于运算能力、容量、速度和多样化数据以及深度神经网络（deep neural nnetworks，DNN）的快速发展，人工智能有望成为未来10年最具颠覆性的技术。在2017年至2022年，企业收购的强化性人工智能的产品和服务，能够很好地解决某一种利基的解决方案，因而成为推动AI价值的巨大力量之一。

基本上，AI商业价值来自3个方面，包括客户获得新体验、推动新的营收来源，以及降低服务运营成本和服务现有产品成本的方法。

首先，AI发展初期，客户体验是AI商业价值的主要来源。因为AI能够改善企业与每个客户的互动关系，进而能够在增加客户来源与留住客户方面做出贡献。

其次，降低成本。因为企业正在期望使用 AI 来提高流程效率以改善决策并自动执行更多任务。但是，到了 2021 年，AI 成为新营收的主要来源。因为公司发现使用 AI 能够增加现有产品和服务销售的商业价值，以及发现新产品和服务的机会。所以从长远来看，人工智能的商业价值将会带来新营收的可能性。

此外，虚拟代理可以取代呼叫中心处理简单的客户请求和其他任务，帮助柜台的客户服务以降低企业成本。随着将这些简单的任务交给 AI，人们就可以把时间和精力用在解决复杂的问题上面。

深度神经网络允许企业在巨大的数据中进行数据挖掘和辨别模式，而不是简单地量化或分类，通过创建工具来给复杂的输入进行分类，这些输入随后会被提供给传统的编程系统。这对于企业有着巨大的影响，甚至可以帮助它们实现决策和交互过程的自动化。

至于决策自动化系统，在 2018 年只占 AI 市场价值的 2%。然而，随着 AI 系统发展到足以解决对非结构化数据进行分类的问题时，预计这一比例将上升。

智能产品如基于人工智能、连接到云端系统的平台，在 2018 年占到 18%，但预计接下来会下降，因为其他更成熟的系统将取而代之。

截至 2020 年，人工智能已经作为网络工作"发动机"，创造了 230 万个工作机会，同时也消灭了 180 万个工作岗位。2020 年是人工智能就业动态的关键年份，人工智能比在 2019 年之前减少了更多的就业机会（主要是制造业）。从 2020 年开始，与人工智能相关的就业机会将正向增长，2025 年将达到 200 万个净新增就业岗位。受人工智能影响的就业岗位数量因行业而异：医疗、公共部门和教育部门的就业需求将持续增长；制造业将受到最严重的冲击；医疗保健提供者、公共部门、银行和证券、通信、媒体和服务、零售和批发贸易等将从人工智能中受益，而不会遭受年度净失业。

美国加特纳咨询公司认为，人工智能将对工作就业产生积极的影响，就业净增长的主要原因是人工智能本身，其实质是人类与智能的合作关系，二者相辅相成。人工智能对就业的影响在全球范围内处于起步阶段。

中国发展研究基金会于 2018 年 8 月在北京召开"投资人力资本，拥抱人工智能：中国未来就业的挑战与应对"报告发布会。报告认为，人工智能的发展直接带来对专业数字技术人才需求量的增长，催生出许多新的就业模式和业态。《投资人力资本，拥抱人工智能：中国未来就业的挑战与应对》报告中称，阿里研究院的背景研究表明，在电子商务零售服务业领域，人工智能的应用对生产效率和员工的薪酬待遇有积极的促进作用，带来的就业机会要多于被替代的就业。

从人类历史的发展进程来看，人工智能技术会在替代一部分工作的同时创造新的工作岗位。这种创造就业的过程一方面是通过产品价格的下降、收入的增加以及新产品的出现刺激消费和投资需求来实现的，另一方面是通过技术进步扩散到上下游产业、促进新产业的壮大来实现的。此外，人工智能技术的研发和生产扩散本身就需要大量高技能劳动力的投入，技术进步的过程也伴随着对高技能劳动力需求的逐渐增加。当然，在人工智能新技术发展之初可能伴随着阶段性的失业率上升，但随着人力资本的逐渐提升，劳动者的技能与工作岗位的匹配度也会提高。

二、人工智能技术进步对就业结构的影响

(一) 低技术工种和重复性劳动会被人工智能替代

与前三次工业革命相比，第四次工业革命（人工智能）有一个显著的不同，就是技术将发挥前所未有的作用，成为最重要的生产要素，主导变革。所以，未来社会对人才的需求，也将偏向于具有专业技能的技术型人才。

2016 年 12 月 20 日，美国政府发布了《人工智能、自动化与经济》，该报告论述了智能技术和自动化技术对经济的影响及可能的应对策略。报告指出，人工智能技术的加速发展使得一些原本需要人力完成的工作由自动化设备来承担。这些革命性的变化无疑将会为个人、经济、社会带来机遇，但同时也会颠覆当下数百万美国人的生活。该报告明确指出，未来几年甚至数十年，人工智能驱动的自动化将会再造经济，决策制定者所要面对的挑战也会不断变化，需要采取适当的手段调整政策，或通过制定法规以应对人工智能给经济带来的影响。

报告明确了人工智能对总生产率增长的积极贡献、就业市场要求的技能变化，包括更高层次的技术技能需求，但是其所造成的影响分布不均，不同领域、薪资水平、教育程度、工作类型和所在地受到的影响都会不同；一些工作岗位会随着一些新的工作市场的出现而消失，某些人的短期失业可能需要更长远的策略来解决。人工智能有可能不会给经济带来大规模的新影响，例如未来几年的就业趋势可能就和过去几十年的情况一样，一些人从中受益，而另一些人则会遭受损失。当然，也可能出现另一种可能，即经济遭受巨大的冲击，同时会加速劳动力市场的改变，许多从事传统工作的劳动者需要协助并接受再训练以提高他们的技能。目前根据已有的数据尚不足以给出有确定性的预测，但是决策制定者必须为可能的不利结果做好准备。至少，诸如流水线工人、司机、会计出纳等工作面临被替代的可能。

麦肯锡全球研究院在《人类共存的新纪元：自动化、就业与生产力》报告中提出，最易受到自动化影响的工作类别，包括重复性的体力劳动、资料处理及资料收集等，常见于制造业、餐饮业及零售贸易业；而最不易受到影响的类别为人员管理与培养，以及需要运用专业知识的岗位。

（二）体力劳动者日益减少，脑力劳动者日趋增加

体力劳动日益减少、脑力劳动日趋增加，是人类物质生产活动和社会发展的一般规律。产生这个规律的主要原因是科学技术的不断进步，以及由此带来的社会劳动生产力不断提高。目前，越来越多的人脱离了体力劳动，成为白领工作者。应该指出：白领工作者包括脑力劳动者，但不全是脑力劳动者；既非体力劳动者，又非脑力劳动者，这样一个劳动阶层是客观存在的。

当代科学技术革命加快了体力劳动和脑力劳动对比关系的变化，并使社会生产力的发展越来越依赖于脑力劳动。目前，不仅新兴的高级技术部门需要大量的科学技术人才，就整个社会来看，对脑力劳动的需求量迅速增加，以及社会各种劳动在不同程度上日趋知识化，也已经成为一种不可逆转的重要趋势。

首先，从经济增长过程中投入要素的比例关系看，以往是资本和劳动力对经济增长起着主要作用，当代科学技术革命彻底改变了这一状况，使技

术成为影响经济增长的主要因素。国外学者根据道格拉斯函数计算的结果得出，目前美国和日本的资本、劳动力、技术 3 个因素对经济增长所起的作用中，技术因素占 70% 左右。随着技术因素对经济增长所起的作用不断加强，企业中专业人员、技术人员和经营管理人员的数量不断增长。与此同时，技术工人和机械操作工人的相对数量出现下降的趋势。从美国职业结构变化看，这一过程非常明显。

其次，从"知识产业"看，当代发达国家在科学技术迅速发展的情况下，非常重视"知识的生产"，把科学技术及文化方面的发现、发明、设计、规划、普及和传播工作视为重要的社会经济活动，并将与之相关的各种行业统称为知识产业。根据各个国家计算国民生产总值的方法，1975 年日本知识产业的产值是 301 000 亿日元，占国民生产总值的 25%。美国的知识产业产值于 20 世纪 60 年代初就占到国民生产总值的 1/3，劳动力占全部劳动人口的 40%。基于知识产业在国民经济中的重要作用，可以认为，知识产业的发展过程是脑力劳动者在社会就业总人口中占比重上升的过程。因为，这种非物质生产的产业，其从业人员是以脑力劳动者为主，所以知识产业在社会经济中占的比重增大，意味着脑力劳动者也会相应地增加。

最后，从当代科学技术的发展趋势看，科技发展不仅会极大地提高社会的物质生产能力，而且要求整个社会就业人员的平均知识水平不断提高。

随着就业人员中脑力劳动者的数量增加及劳动者的平均知识水平提高，脑力劳动和体力劳动的差别不断缩小，复杂劳动在社会劳动总量中所占的比重日趋上升。在发达国家总就业人口中，脑力劳动者已经超过半数。例如，目前，日本的科技人员、管理人员和生产工人三者之间的比例是 1∶1∶1。

(三) 女性就业数量增加

人工智能对男女就业带来不同影响。人工智能对就业中不同性别的不同影响，是各国研究者共同关注的焦点问题之一。学者主要有两个不同的观点：一是人工智能为女性就业提供了新机遇；二是女性就业面临比男性更大的被取代风险。

当代科学技术革命把人们从繁重的体力劳动中进一步解放出来，重、繁、累的工作大量减少，女性能胜任的职业成倍增加。一些细巧精密的电子器械及仪器仪表的制造和操作，需要耐心细致的工作状态，在这类领域里，女性有着比男性更大的劳动优势。另外，由于整个社会知识化程度不断提高，女性的平均学历也在不断提高，这种由当代科学技术革命促成的高知识化和高学历化，推动了女性走出家庭参加工作。

目前，人工智能技术已使计算机能够创造出独特的艺术作品，但要让机器人在短时间内拥有情感，仍然是遥不可及的梦想，而这正是推动人类创造新生态系统的驱动力。随着女性在学术和管理方面地位的逐渐提高，她们将获得平等的机会和创新的渠道。同时，科技会让人们进一步找到自我表达的新方式，加速创新过程。

根据英国国家统计局的数据，目前女性在护理等职业中占主导地位，而这一职位需要换位思考和同情心。随着人口老龄化的加剧，更多女性倾向于成为高级护理人员和心理学家。《每日电讯报》的一项研究显示，女性成为看护的可能性是男性的两倍，这意味着女性在同情心方面比男性更自然。此外，如教师、理疗师、社会工作者、健康教练、育婴专家等短期内不会被机器接手的工作，拥有同情心的人会有更大的就业市场。

美国约克大学的一项最新研究表明，高收入就业市场中的女性数量也在上升。进入 21 世纪之后，本科学历的男性从事白领工作（如总经理、金融分析师、医生）的比例在下降，而本科学历的女性从事这些工作的比例在上升。核心原因是这些工作对社会化技能的要求变得更高。经济学家马蒂亚斯·科尔特斯（Matias Cortes）研究认为，随着这种趋势持续发展，如果人们认为人工智能将增加对社会化技能的需求，那么这将对女性有利，因为女性在这方面更有优势。

（四）人机协作的工作模式

早在 2010 年，加里·卡斯帕罗夫（Garry Kasparov）就发现"半人马"模式，又称为"人机共生协作"模式，就像希腊神话中人头马身的"半人马"。这个模式不是让机器取代人，也不是让机器自动在人类身边工作，而是让人机融合，进入一种最佳的"共生模式"。企业和机构通过使用嵌入式通用软件中的人工智能功能来推动生产并提高工作效率。

（五）人类工作性质和内容发生巨大变化

虽然人工智能在许多方面比人类有优势，但人类仍然在涉及社会智力、创造力和一般智力的工作上保持着相当大的优势。例如，今天的人工智能可以做出很不错的翻译，却不能像人类那样同时运用语言和社会与文化背景这两种知识，也无法理解作者的论点、情感状态和意图，即使是最受欢迎的机器翻译也无法达到人类译者的准确度。

麦肯锡全球研究院的《人类共存的新纪元：自动化、就业与生产力》报告指出，自动化技术带动的大规模劳动力转型将持续几十年，类似的劳动力转型历史上早有先例：在技术的推动下，发达国家整个20世纪的农业劳动力大幅减少，但并未出现长期的、大规模的失业，这是因为技术发展也衍生出之前不曾预见的新工作形态。报告称，不敢断言这次是否与之前有所不同，但自动化可以填补部分因劳动适龄人口增长放缓而导致的GDP增长缺口。分析也显示，人力仍然不可替代，在人类与机器共事的情况下，自动化每年可以将全球生产力提升0.8%～1.4%。

麦肯锡香港分公司总经理倪以理也认为：人和机器共事将成为未来社会的常态，需要思考的是职业重新配置的问题，而非大规模失业。可能出现暂时性的失业，然而机器会替代那些重复的劳动，让人类有时间去做只有人类才能做的事情，令人性化得以加强。

报告同时指出，由于部分工作活动的自动化能够改变工作流程，人类工作的性质将发生根本改变。这种改变将带动企业组织架构、产业竞争格局与基础和商业模式跟着改变。

弗吉尼亚大学达顿商学院企业管理教授爱德华·赫斯（Edward Hess）认为，如果人类可以做智能机器无法胜任的工作，那么人类就可以在人工智能时代找到有意义的工作。这类工作需要更高阶的思维——批判思维、创造性思维、创新思维、想象思维，如心理学家、社会工作者、教师等，因为这些职业需要真正理解"人的意义"。就业数据也表明，随着自动化的推广，与机器互动的领域，如建筑工作、工厂制造和机器操作方面的就业机会正在快速减少，而注重人机互动技能的工作，如健康医疗领域则出现了爆发式增长的就业机会。在过去，自动化技术导致了所谓的就业市场两极分化，因为需要中等技能水平的工作（如出纳员、文员和某些流水线员工）更容易被程序化，然而最近两极分化的过程似乎中断了。高技术工作需要问题解决能力、直觉和创造力，低技术工作需要环境适应能力和当面沟通能力，它们都不能被轻易程序化。

三、人工智能技术进步对就业的影响机理

（一）人工智能技术进步对就业总量的影响机理

1. 人工智能技术进步对劳动就业的排挤效应

人工智能技术进步对就业产生排挤效应，即"机器换人"，造成就业量减少，引发一系列负效应，主要包括以下几个方面。

首先，人工智能技术进步变革了劳动手段，使分散的手工劳动逐渐向机械化、自动化的规模生产转变。在这个演变过程中，传统机器加速更新换代，先进工具设备推广应用，大大提高了经济效率，提升了产出水平，同时单位产出的生产周期缩短，所需劳动力也减少，大量劳动力被排挤出来。虽然研发和制造新机器也能促进就业，但是难以弥补新技术对劳动力的替代，尤其是在各国产业革命的初期，人工智能技术进步对就业的排挤效应十分明显，农业机械化、专业化生产线的引进就是很好的例证。

其次，人工智能技术进步使产品的生命周期越来越短，如电子产品，那些无法追赶技术变化而被淘汰的产品就引发局部的高失业率。同时，企业的投资回报期也相应变短，等价于投资收益的净贴现率降低，会抑制新企业的进入并阻碍就业岗位的增加，进一步增加了新成长劳动力就业及失业者再就业的困难，在一轮技术冲击过后，失业率会上升到新的较高的稳定状态。

最后，人工智能技术进步改变了产业结构和对劳动力的需求结构，新兴产业和劳动力素质短期内难以完全符合技术变化的要求，造成短期就业量下降。对于劳动力来说，其自身技能的提高和更新过程相对漫长，而人工智能技术进步使产品、设备的生产和更新周期缩短，这就使低技能劳动力与高技术产品之间出现不匹配的现象，新技术将低技能劳动力排挤出来，造成结构性失业，这在科技革命出现的早期较为明显。对于新兴产业和行业来说，组织架构、资本积累等在人工智能技术进步的初始阶段尚不成熟，经过一段

时间才能协调，因此人工智能技术进步难以发挥应有的就业推动作用。

由于人工智能技术进步对就业的作用路径比较复杂，而且受到诸如社会制度、需求环境等外部因素的影响，所以人工智能技术进步对社会就业的综合作用结果并不明确，但可以通过传导机制来深入探讨这一问题。

2. 人工智能技术进步对就业的补偿效应

虽然人工智能技术进步会带来就业量的下降，但也开辟了多种渠道补偿就业损失。

第一，价格渠道。人工智能技术进步促进劳动生产率提高，进而引起生产成本和商品价格下降，在名义收入不变的情况下，价格下降刺激了商品需求上升，拉动社会总需求上涨，企业扩大生产规模，就业随之增加。在这一传导过程中，由于不同商品价格的变动是相对的，商品需求的改变使部门和行业的产出也发生了变化，影响相应领域的就业状况。例如，制造业的人工智能技术进步率较高，产品的相对价格较低，产品需求增加，阻碍了劳动就业流向其他部门。此外，资本成本和劳动成本的相对变动还会影响资本和劳动的替代，当劳动力的相对成本较低时，经济对劳动力的需求上升，现代服务业的劳动密集化就是很好的例证。

第二，收入渠道。人工智能技术进步极大地促进了经济发展和人们生活水平的提高，收入增加以后，人们的需要层次也由基本的生存需要升级到享受和发展需要，改善人居环境、增加闲暇时间等一系列要求促进了新能源开发，科教文卫事业的发展，以及商业、餐饮、旅游等服务业的崛起。人工智能技术进步的财富效应给劳动就业带来了许多积极的影响：一是消费者的预算曲线向外移动，消费的增长引起社会有效需求增加，产品的总供给随之增长，社会就业量相应增加；二是财富增长为投资需求提供了资金支持，兴办新企业造就了大量就业岗位；三是一部分擅长经济管理的劳动者抓住机遇直接创业或投资，开辟了增加就业的新途径。

第三，人力资本投资渠道。人工智能技术进步对劳动者的技能、素质和知识构成提出了新的、更高的要求，一方面，越来越多的人选择延长受教育年限；另一方面，人们越来越重视增加知识储备，提高劳动技能，加大以培训和技术教育等为主要方式的人力资本投资。追求更高层次教育水平的劳动力，延缓了实际就业时间，为增强自身劳动技能和知识储备而进行再教育的人们带来了一些岗位空缺，这些都有效减缓了就业压力。

第四，技术扩散渠道。一项人工智能技术出现、进步并投入生产领域，能够扩大社会分工，以新产业为中心带动相关产品的生产，企业、产业和区域的发展带来了大量的就业机会。在社会化大生产的环境下，不同企业、行业和产业间存在着一定的联系，当一个部门实现人工智能技术进步之后，技术的扩散效应就会发挥作用，沿着关联企业的链条，由内而外，从核心部门向相关部门再向外围部门延伸，会为外围产业的就业增长做出贡献，以此带动整体就业的增加。值得注意的是，人工智能技术进步使社会分工的含义发生了变化，知识积累和进步引发的知识分工，使就业形式出现新的变化，产业和部门内部依据技术探讨分工，就业范围不断扩大。例如，新兴第三产业的技术变革催生了美国硅谷等一系列新技术产业园区，带动了大批就业；医学领域的人工智能技术进步细化了医院内部分工，复杂疾病需要各领域的专家会诊，细化分工增加了对知识人才的需求。

第五，国际渠道。随着全球经济一体化的推进，技术和知识突破国际壁垒，在国际广泛流动，世界各国的经济联系日益紧密，展开了广泛的国际竞争和分工合作，给经济发展和就业增长带来深刻影响。首先，国际贸易成为拉动经济增长的重要环节，近年来，高新技术产品在进出口贸易的比重逐年增加，围绕技术和知识这一竞争热点，推动了各国高科技产业的就业增长。其次，外商直接投资带来了先进的技术和大量建设资金，通过招商引资扩大出口和就业也能间接发挥技术的就业带动效应。最后，对外劳务输出拓宽了国外就业渠道，而且国际交流有利于劳动者素质和技能的提升。

(二) 人工智能技术进步对就业结构的影响机理与路径

人工智能技术进步引导着资本、劳动力等生产要素在市场经济中实现优化配置，使经济结构进一步调整以适应不断提高的生产力要求，"人工智能技术进步—产业调整升级—经济增长"成为推动经济发展的重要途径，就业结构也随之发生变动。人工智能技术进步对就业结构的影响主要是技术对劳动的再配置造成的，主要体现在对产业结构、劳动力素质结构、行业结构、劳动就业结构4个方面的影响。一方面，人工智能技术进步使各产业部门的生产率水平发展不平衡，加速三大产业之间的劳动力流动；另一方面，人工智能技术进步引发部门内部岗位设置变化，进而影响劳动需求结构的变动。

1.产业结构效应

产业结构调整受到多种因素的影响，主要包括资本、资源、劳动力等供给禀赋性因素（基础条件），收入、消费等需求因素，社会体制、发展战略等制度因素（造成不同经济体的效率差异）和最根本的技术因素。配第-克拉克定理表明产业结构的变动必然引起劳动就业的一致性调整，各大产业的产出变化直接影响着产业内部的就业吸纳能力和部门间的劳动力分配情况。

产业间的生产率和资本有机构成之间的差异，推动劳动力从就业吸纳能力差的资本密集部门向吸纳能力强的劳动密集部门转移，导致就业发生结构性调整。

传统产业结构演进理论认为，生产效率不同及由此决定的收入水平差异是导致劳动力在产业间流动转移的先决条件。而人工智能技术进步决定生产率的变化，因此人工智能技术进步可以通过产业结构调整的途径造成就业结构的根本性变动。人工智能技术进步必然使一部分产品过时，与之相关的行业部门萎缩，退出市场，分离出闲置劳动力资源，同时又开辟新的经济增长点，开发出新产品，诱导新企业和劳动力进入，形成新的行业，产生了大量就业需求，使技术对就业的破坏和补偿效应同时存在。

纵观世界各国的发展历程，不同的工业化进程决定了不同的就业结构变动方式，英国、法国、德国等国家率先进入工业化阶段，劳动力从第一产业解放出来，顺次流入第二产业，最后向第三产业转移，这种以第一、第二、第三产业顺序进行的劳动力渐进流动的就业结构调整被称为"递进型变动"；美国、日本等国家，工业化进程相对较快，第二产业技术水平提升迅速，新技术向生产领域的转化时差较短，各部门技术改造几乎同步发展，新兴工业部门因较高的资本有机构成而无法提供足够多的岗位来吸纳第一产业的剩余待转移劳动力资源，因此劳动力只能依靠第三产业安置，这种以第一、第三、第二产业的劳动转移次序所带来的就业结构调整称为"跳跃型变动"，第一产业就业比重下降，第二产业变动不大，第三产业就业比重有了很大提升。

2. 劳动力素质结构效应

人工智能技术进步以技能和知识水平为筛选条件，将劳动力按不同的技能、经验和素质层次进行划分，使就业群体构成发生变化。大多数劳动力能够适应对知识技能要求较低的简单技术改造，而高端设备的应用则必须配备相应高素质层次的劳动力。技术的推陈出新使劳动力的工作任务不断变化，不同技能层次劳动力出现难以避免的替代或互补现象，企业在财富最大化的导向下选择人工智能技术进步类型，导致劳动就业岗位的结构性调整。总的来说，在早期工业化阶段向现代知识经济的推进过程中，技能退化型人工智能技术进步逐渐被技能偏好型人工智能技术进步取代，高素质的劳动力受到更多青睐，低素质的劳动者更容易面临失业困境。

3. 行业结构效应

人工智能技术进步扩大和细化了劳动分工，产业之间的就业范围有所扩展，新兴第三产业的技术变革带动新兴部门的出现，进而带动与之关联的原料采集、工序生产、产品运输销售、售后支持等上下游和横向企业的发展，形成了庞大的人工智能产业链和生态圈，引导劳动力资源在行业间加速流动和再分配。另外，根据知识积累和人工智能技术进步，产业和部门内部重新探讨分工，对专业人才的需求不断增加，就业范围不断扩大。

以机器人技术行业为例，设计阶段研发人员需求增加，带动了一批科研机构的兴起，高校、科研机构和企业之间建立联系，系统分析、编程等应技术发展要求而产生的新职业随后出现，生产阶段工序的细化既需要高级技工也需要普通流水线工人，销售阶段的搬运、储藏、运输及售后等服务环节都需要充足的劳动力资源支撑，这些连带效应增加了各个技能层次劳动者的岗位数量。

4. 劳动就业结构效应

人工智能技术进步和知识传播加快了世界各国经济的信息化进程，发达国家凭借技术的绝对领先地位，不断向外输出前沿智力资源，发展中国家如果不能抓住新科技革命的发展机遇，则难以改变目前的原料加工、初级产品制造的"世界工厂"地位，劳动力资源的国际分工调整压力将越来越大。

人工智能技术进步和信息化对就业观念、就业模式和就业政策提出更高的要求，传统就业方式正在经历变革。知识技术的普及和推广，使体力劳动者和简单劳动者的数量递减，而对从事信息处理的知识工人和高层管理人才的需求量增加，信息技术工作在总体就业中的比重越来越高。信息化和技术化引起劳动就业结构的大洗牌，这一趋势不可阻挡，短期内负面影响显著，结构性失业现象突出，但从长期来看，随着劳动者知识结构的完善和技能水平的提高，逐渐适应新行业和新职业的岗位要求，就业结构的调整将展现出积极的一面。

（三）不同类型人工智能技术进步对就业的动态作用路径

在不同的分类标准下，人工智能技术进步可以划分成多种类型，其中比较典型的一种划分是依据创新对象的分类：一类是对产品本身进行变革的产品创新，指通过引入新的中间产品、研发设计等技术上的突破，研发新产品或者更新旧产品，如提高产品的质量和性能、增加新的花色和品种等，其作用在于提供新产品、创造新需求、开拓新市场，促进技术成果的商品化，对经济增长产生一种需求效应；另一类是对生产工艺进行变革的过程创新，通过追加新投资、引进新技术等方式对材料、工具、生产方法和组织形式进行变革，以节约能耗，其作用在于提高生产率，对经济增长产生一种供给效应。

1.产品创新对就业的影响路径

从企业层面来讲，产品创新的技术选择能够创造出新的市场需求，带动产出增加、规模扩大、利润提高，从而提供更多的就业机会，对就业起到一定的拉动作用。企业的发展壮大为行业和区域发展奠定了基础，当产品创新发生扩散之后，人工智能技术进步的乘数效应就会发挥作用，一系列新产业兴起发展，对经济增长产生明显的需求拉动作用。

一项创新产品在市场上获得成功之后，除了创新企业本身扩大再生产，还会吸引其他企业购买技术而进入该行业，或者加以改造开发类似的产品，进入企业的数量不断增加，产品的生产和市场规模都达到了产业化的条件。例如，20世纪最为活跃的微电子产品和计算机产业就是在晶体管、集成电路、半导体技术等一次次人工智能技术进步的推动下发展起来的，电视、冰箱、音响等电子产品得到迅速开发，计算机硬件的普及又催生了前景广阔的软件产业，极大地促进了经济和就业增长，使技术变革成为创造就业的发动机之一。

从产业层面来讲，产品创新经历了从第二产业 (轻工业、基础工业、高加工度工业) 向第三产业 (传统服务业、知识信息服务产业) 的转移。第二产业在初期发展阶段以产品创新的技术进步类型为主，一方面是为了更好地满足人们在生活必需品等方面的需求，另一方面，这种社会需求又推动了相关行业和部门的扩大，使第二产业的从业人数和就业比重同步增长。随着社会经济的发展，人们的精神文化需要提升，第三产业更倾向于选择产品创新的技术进步类型，涌现出许多新的服务产品和服务行业，既引领了大众消费，又带动了第三产业就业人数和就业比重的持续上升。

2. 过程创新对就业的影响路径

过程创新对就业的影响比较复杂，生产工艺流程和配方的改进，降低了生产成本，并主要通过节约劳动力来提高生产效率，这可能带来两种截然相反的结果。

从企业层面来看，一方面，在产出不变的情况下，资本有机构成的提高使劳动力逐渐被资本替代，特定企业对劳动力的需求减少；另一方面，企业用同样的投入生产出更多的产品，可以通过降价促销来扩大产品的市场需求，或者维持原价并获得超额利润，进行扩大再生产及多元化经营，最终都能促进产出增加和就业增长，因此劳动就业的最终变动取决于这两方面作用的力量对比。

从产业层面来看，第一产业主要进行农产品生产，产品创新的作用有限，主要选择过程创新的人工智能技术进步类型，随着社会经济的发展和收入水平的提高，农业生产率大幅提升，产品成本下降带来的就业正效应完全被生产效率提高带来的就业负效应取代，第一产业的就业总量必然降低。第二产业在经历了产品创新的就业增长效应之后，产品种类日益丰富和完备，技术进步选择逐渐以过程创新型为主，而且从社会整体来看，人们对该产业产品的需求相对下降，随着时间的推移，过程创新对就业带来的劳动力替代效应渐渐占据主导地位，那么第二产业的就业总量从相对下降过渡到绝对下降。

总的来说，当企业或产业的人工智能技术进步类型是产品创新，或者处于以产品创新为主导的发展阶段时，可以通过开发新产品、升级旧产品来引领新的市场需求，且不受社会需求总量的制约，这样必然带动就业增长；当企业或产业的人工智能技术进步类型是过程创新，或者处于以过程创新为主导的发展阶段时，就业变动取决于生产率提高带来的资本有机构成提高和社会需求总量约束的共同作用，就业总量的变动因就业增长效应和就业替代效应的相对大小而异。值得注意的是，人工智能技术进步对第一、第三产业的影响路径相对清晰，长期而言，第一产业的就业量及其占比呈现下降趋势，而第三产业的就业量及其占比则呈现积极的增长态势，而第二产业的情况却相对复杂。第二产业人工智能技术进步经历了从以产品创新为主导向以过程创新为主导的转变，就业总量和比重呈现从绝对增加到相对减少再到绝对减少的趋势。

国民经济整体的就业变动既受到众多企业和各大产业的就业变动的影响，也受到人口、资源、社会制度、宏观经济环境等外生因素的影响，各种影响的变动方向和程度不一，造成就业出现结构性变动及就业水平的不稳定。技术作为最重要的生产力，对经济增长和社会就业水平起着决定性作用，社会制度是最重要的生产关系，它不断调整以满足人工智能技术进步的要求，同时决定着经济增长和就业变动的结果。因此，人工智能技术进步对就业的作用效应呈现一种非线性的动态路径。

人工智能技术进步对整个经济体都会产生巨大的影响，它对哪些领域的影响最大，目前尚难判断，应该针对整个经济体来制定具有针对性的政策。另外，人工智能技术进步所带来的经济影响和其他因素密不可分，例如科技的变化、经济全球化、市场竞争和劳动者谈判能力的减弱，以及过去公共政策选择的影响。

第二节　人工智能技术在轨道交通中的应用研究

一、轨道交通智慧化的现实需要

当前以人工智能技术为核心的新一代信息技术在各行业中持续深入发展，并与传统信息化系统相结合，推进第四次智能化工业革命。智能化工业革命已经由原来的消费互联网向各个产业、工业互联扩散和普及。随着我国城市化发展进程的加快，城市群和都市圈建设都迫切要求轨道交通来解决区域内高效、快速、大规模人员运输的问题，而全面深入的信息化、网络化、智能化的轨道交通系统无疑将是我国当前轨道交通建设的一个重要方面。

随着我国高速铁路网不断建成、既有客运线路的持续运行、近些年城际城轨的大规模建设，在轨道交通系统中陆续上线了各类信息化的管理系统，客观上对铁路系统内部高效信息传递、提高系统运作效率起到显著作用。但同时各类信息系统彼此之间不能连通，大量信息化孤岛不能贯通，持续引进的先进设备的网络接入和数据融合也明显滞后，这些问题客观上阻碍了轨道交通系统进一步通过信息化提高系统效率。而以人工智能技术为核心的工业互联网技术从构建智能化的感知网络、虚拟化的信息硬件资源、平台化的业务和数据中心，以及基于中心的轻量化的各类业务应用等，实现了整个轨道交通系统运行的"操作系统"。

二、智慧化轨道交通系统的体系结构设计

智慧化轨道交通系统是轨道交通系统在乘客服务、运输组织、智能运维、轨道交通运营、企业经营管理等方面全面的智能化、智慧化。

轨道交通系统的智慧化体系，是通过构建统一化的轨道交通系统工业互联网平台，并在其上运行的各类业务系统。该体系隐含了数据的感知接入层，它实现了全系统通过各类传感器和物联网技术结合边缘计算将系统状态大规模分布式接入。在逻辑层面上构建海量数据的多层次、多维度的数据融合。平台层包含大规模数据存储计算的实时数据库系统和数据仓库系统，轨道交通系统的传感网络将全面感知的数据集中接入数据计算存储区。同时，数据治理套件将对数据仓库中的大规模数据实现相应的数据集成、数据建模、数据质量稽核、数据服务和数据资产管理。而数据分析和建模平台将为人工智能、大数据等技术的深度开发应用提供统一的算法、建模、数据资源界面，大量智能化模型将在此平台产出和部署，为上层应用提供相应的预测、分类、聚类计算。此外，平台层还包括专门针对轨道交通行业的微服务组件库，包括构型管理、履历管理、故障字典、用户管理、权限管理、地图服务。平台层的知识库将整个轨道交通系统中涉及的大量专业技术文档、手

册等专门知识结构化，通过对外应用服务接口（API）实现面向上层各类业务应用的服务。

整个轨道交通云平台包含了基础设施服务层和平台服务层，同时贯穿各层的系统安全防护系统也是极其重要的组成部分，确保系统大规模终端、设备、人员的接入。网络环境复杂，业务运行纵横关联，需要工业安全防护系统对轨道交通云平台的正常安全可靠运行做全面的监管和控制。

三、人工智能等技术在轨道交通行业中的应用

（一）人工智能技术在乘客服务中的应用

智能化技术在乘客服务应用的主要方向包括可在各类乘客的移动终端上运行乘车 App，为乘客提供乘车咨询服务。

运用人工智能、大数据、云计算、深度学习、神经网络等新技术成果，构建基于云平台的生物识别系统，无感支付的自动售检票系统，智慧出行咨询与规划系统，智慧客流预测预警管理系统，票检、安检合一的智能安检系统，进而实现在全国范围内多城市间列车一证通乘、车站和列车环境智能调控、列车智能化服务等应用。

智能电扶梯系统可自动识别乘客年龄、性别等，并依据不同乘客群体类型，通过语音提醒乘坐规则和防护措施，特别是应用图像识别技术对紧急异常情况及时做出反应，对不安全行为主动提示。

智能屏蔽门可全方位识别异物，智能开启屏蔽门，特别是结合图像识别技术、信号数据、列车数据、站台情况数据，大幅提高屏蔽门的安全性，避免乘客被夹伤，甚至导致悲剧的发生。

智能安防分为人防、物防两个领域。在人防领域，旅客在安检处通过身份识别后，安防系统自动获取旅客身份信息，全程高清摄像定位监控可疑人群，人工智能建模结合高清摄像头自动进行行为识别、智能预警。物防领域对于设备损耗、自然灾害等进行实时监控。

智能客流疏导系统在旅客的 App 界面显示为周边商户信息、乘车人数数据、车厢内人数数据、线路上车人数拥堵数据、站点上车人数拥堵数据等，在管理人员界面显示为可选择商户、旅游推送、线路屏蔽、推送拥堵信

息等功能，可以提高商户竞争力，避免因重大节假日、维修、重大会议活动等带来的出行不便。

(二) 人工智能技术在运输组织中的应用

人工智能技术在运输组织中的应用主要是建立包括共享数据、智能设备、智能软件的网络运输组织系统平台，形成深化线网布局、优化工程设计，面向轨道交通网络化运营的智能运输组织体系，进而实现线网运输组织的调度精细化、管理信息化和决策智能化。

1. 在轨道交通线网智能调度方面的应用

运用大数据、物联网、5G、云计算、服务器转换等新一代信息技术，基于我国现有的铁路调度系统构建资源池，实现各调度管理系统的数据信息实时共享和高效的整合运用，解决铁路调度管理仍然存在的数据获取较为滞后、结果缺乏准确性及服务较差等问题；并从用户服务需求出发，在信息共享平台的应用层中进行各调度系统的业务设计，为各级运输部门的信息管理提供技术支持。确保数据信息在运输生产过程中能够有效地为铁路内外部用户提供实时业务信息。打造智能信息系统集成平台，形成线路和线网合一、日常运营指挥和应急处置合一的调度指挥中心与智能轨道交通线网运输组织辅助决策系统，进而分别实现将轨道交通的三层管控 (运营指挥中心、线路控制中心和车站) 优化为两层管控 (运营指挥中心和车站)，提高运营效率，增强综合调度 (应急) 指挥能力，确保我国铁路安全高效运行。

2. 在智慧车站方面的应用

智慧车站涵盖了设备管理、客运管理、生产计划监控、应急指挥及车站站务管理等功能。该系统启用后，车站现场所有的生产、服务信息都将集中到车控室进行显示、分析和处理，指挥现场作业的命令亦将从车控室发送至车站各个岗位，有效提高了车站乘客服务水平及综合管理能力。开发人员结合全自动运行系统的车站运营场景设计智慧车站的功能，实现车站态势全感知、客运服务智能化和人员管控精细化，全面支持多职能队伍的建设，实现岗位复合和减员增效。有利于确定车站运营需求，定义车站管理内容，明确运营场景，并以车站各岗位作业内容为引导，转换车站智能化需求；有利于梳理现有的技术支持，如系统设备和大数据支撑，以及车站现有的工作流程、台账记录、岗位标准和预案文本等，并从车站运营管理、设备管理和人员管理智能化，以及故障联动、消防联动、大客流应急联动角度进行梳理，进行人员布岗作业、信息流转和设备联动功能需求确定和系统配置。利用车站的综合监控及其子系统，新增辅助分析系统，对各类数据进行梳理和综合再建模，开发更加全面、智能的运维应用，可全面提高车站的运营效率及服务水平。

（三）人工智能技术在智能运维中的应用

随着我国轨道交通运营规模的迅速扩大和"一带一路"倡议的实施，轨道交通业对于保障运营安全、提高服务质量及降低运营成本显现出巨大的刚性需求，轨道交通运维业务日益成为全行业关注的新焦点。积极合理地运用人工智能技术解决轨道交通行业发展瓶颈问题，可有效助力智慧城市又好又快地发展。

1.在轨道、隧道、桥梁等基础设施健康检查与管理中的应用

利用信息技术、网络技术，进行桥梁、隧道工程相关信息的采集、传播、分析、展示，将云计算技术、大数据技术、物联网技术进行有效的结合，建立针对轨道、桥梁、隧道运营管理的智能化平台，实现智慧感知、智慧管理、智慧决策、智慧服务的目标，探索一种更为高效、安全、经济、环保的新型桥梁、隧道管理系统模式。通过在桥梁、隧道内布设传感器，实现对灾害问题的精确定位，设置可以进行快速浏览的产品数据，提供精确的几何信息查阅途径，对采集获取的各类数据模型轻量化处理，并通过相应的可视化平台进行动态加载展示。建立桥梁、隧道等基础设施的结构评估和预测模型，将这些基础设施根据使用年限进行划分，有针对性地选择性能参数、结构变形、灾害评价指标，实现对其功能的预测。利用大数据技术，根据各类监测参数及设备健康状态分析其规律，结合专业知识进行权重判断，进而实现对桥梁、隧道状态的评估。据此对桥梁、隧道运维过程进行管理，了解运维效果、评价结果，对各类事件及问题进行处理。

2.在车辆智能运维系统中的应用

在网络化运营规模迅速扩大的新形势下，轨道交通运维管理人员的大量增加和粗放的运维管理模式，使得运维成本居高不下，并保持上升态势。

因此，使用网络化运营的单位近年来都在尝试和寻求新的运维模式，以提高运维业务水平。车辆智能运维系统主要采用大数据、物联网等新技术构建综合信息管理平台，对轨道交通的关键设备、设施进行全生命周期的健康监测和故障智能诊断预警及成本分析，建立车联网系统、轨旁车辆综合检测系统、车辆维护轨迹系统、轨道交通车辆综合监测系统、基于全生命周期的关键设施设备健康监测和智能诊断管理系统、基于物联网的关键设施设备故障预警系统、列车安全状态在途监测预警和网络化维保系统，进而实现以预防性维护为主的定修机制向基于可靠性的状态维修机制转变。智能视频监控与智慧运维可以进一步创新运维体制、提升运维效率、降低运维成本，优化编制车辆智能运维的技术标准，提升整体车辆智能运维技术水平。

3. 在供电系统智能运维中的应用

建立供电系统智能运维系统，通过智能运维平台实现所有数据的共享与关联，根据设备的监控数据和生产管理要求自动生成相关的作业要求，并运用高科技的设备（如手持巡检终端）对整个生产流程全过程进行监控与记录，以满足供电系统更加严格的运维要求。设备监控与生产管理共享数据有以下4类：①在综合监控中，供电系统的变电所自动化系统中设备运行的历史数据及故障信息统计数据；②生产管理系统的生产数据，主要包括年度、季度、月度生产计划数据，设备的维护保养数据，等等；③生产管理各环节数据，主要包括生产作业标准流程操作手册、设备图纸资料、维护作业标准等；④在生产作业中涉及的相关数据，主要包括生产人员的各种资质数据、器具的合格检验数据、试验仪器仪表的精准数据等。

通过利用智能运维系统，可以深度掌握设备全生命周期状态，并经平台自动进行运行和生产的历史数据分析，最终基于基础数据与业务数据循环卡控的业务逻辑过程，实现日常生产计划实施后自动更新设备履历、物资库存及工时统计。对设备数据采集与监视控制系统（SCADA）中的故障预警、设备管理平台的故障统计与日常生产计划进行智能分析和自动分类处理，自动生成设备的差异化维修计划，并能基于标准化数据结果分析，为设备故障自动匹配近似预案，为维修决策提供指导依据的故障专家系统。

（四）人工智能技术在轨道交通企业经营管理中的应用

随着企业的不断发展，原有的企业信息系统已逐渐过时，难以适应大量数据的冲击。应用大数据、云计算等新技术提高企业经营管理效率已成为趋势。基于云计算和微服务，创建集平台和应用于一体的企业经营管理系统，系统架构适应业务需求变化，支持动态扩展和资源动态平衡，保证架构的可伸缩性和开放性，提升灵活快速的组装和发布能力，降低系统开发成本和运维成本。

通过将基础设施与基础服务集成构建基础设施服务层，把用户所需的软件作为服务集成构建平台服务层，将用户功能应用软件集成构建软件服务层，支持各集团、子公司、个人等用户使用，同时支持 PC、手机等客户端设备接入。有利于企业通过信息进行智能管理、高效管理、人性化管理，从而提高数据的利用率，进一步促进企业的可持续健康发展、创新发展，给企业带来巨大的经济效益、社会效益。同时，企业在进行经营管理的过程中，会帮助企业积累大量的原始数据，对企业经营、战略规划、市场产品定位具有深远的影响。

（五）人工智能技术在智能装备方面的应用

智能化装备，或者智能化系统，能够对外部环境或自身状态做出感知，基于当前状态和系统自身逻辑和目的进行相应分析、推理、决策，并最终通过自身的执行系统执行相应的决策结果。轨道交通中相关装备的智能化包括智能化供电设备、智能化列车、智能化信号设备、智能化通信设备。

智能化变电站牵引供电系统的智能化主要依靠智能化一次设备、智能化二次设备、辅助监控系统智能化来提升。通过增强二次设备对一次设备的状态监测能力，以及加装大量传感器，使二次设备的控制和监测能力加强。同时在智能化电站建设中，大量的光纤连通一次设备状态感知与二次设备数据采集，既可以避免状态信号在复杂的电磁环境下受到干扰，又可以节省原来传统的电缆连接，其系统的运维和可靠性也可以有效提高。在二次设备中通过先进的 FPGA 和 DSP 芯片加强设备算力，结合各类智能化算法和状态感知数据，以更好地实现对一次设备的监测、控制和保护。同时，辅助监控系统在传统 SCADA 系统基础上进一步融合各个设备的状态监测数据、故障数据，在系统级数据融合的基础上，实施全面的故障诊断与预测，及时防止故障扩大，危重故障的应急性自动处置。各个子系统、内部不同设备的网络化连通，也使得多个设备间的逻辑闭锁关系得以实现，对避免误操作引起的故障、安全性事故防范有显著操控，也极大地提升了系统的智能化水平。

智能化列车作为直接面向乘客的服务装备，其安全性、可靠性、舒适性、经济性都有持续改进的要求。通过对列车走行部、牵引供电、制动、网络控制、空调、车门、内装、给排水卫生等各个系统的智能化升级，加强其内在的智能化程度，同时也通过列车控制和管理系统（TCMS）对各系统的集成，进而提高列车的智能化程度，使系统各类故障的自诊断与自处置能力、各系统的能耗控制能力、各系统的交互协作能力、乘客乘坐服务的智能化服务能力都有持续的改进。

智能通信设备，包括轨道交通系统中的通信设备和信号设备。通信系统中包括指挥调度通信、无线通信、公务通信、广播通信、电视监控通信等相关设备。信号系统包括计算机联锁系统，以及由列车自动运行子系统、列车自动保护子系统、列车自动监控子系统构成的列车自动控制系统。通过进一步加强这些设备的内部状态感知能力，使得设备对外部状态的分析和推理能力加强，实现设备对自身故障的诊断与处置，系统可实现自主的故障隔离操作、备份系统启用。系统对图像数据、语音数据的处理，计算和应用能力也随着人工智能技术的集成而提升。信号系统进一步使用机器学习算法、计算机视觉技术等人工智能技术，在移动闭塞区间、连锁、列车自动保护等子系统中应用，将使得信号系统的安全性、可靠性进一步提升，同时也会持续降低其运行、维护、维修成本。

第三节　基于人工智能技术的光通信网络应用研究

一、光通信网络中 AI 技术的应用

AI 技术已广泛应用于光通信网络，从文献中可以找到有关这方面的大

量研究。本节介绍 AI 技术在光通信网络中的几种代表性应用。

在接收端，采用结合 AI 技术的数字信号处理方法，可以有效提高光信号检测灵敏度，改善光纤传输系统的性能，提高网络的频谱使用效率。

在光网络中，存在大量端到端光通道，分别以这些光通道的相关参数（如传输速率、调制格式、所经过的光纤链路数、光放大器个数及增益等）和它们在接收端检测到的信号传输质量（quality of transmission, QOT）作为输入和输出，通过大量学习，可以实现对光网络中不同端对端光通道 QOT 的预测；其中，QOT 经常表示为光通道的信噪比（optical signal to noise ratio, OSNR），其精准的预测可以降低光通道 OSNR 余量的配置，从而提高网络的频谱使用效率。

通过不断学习光网络中的故障事件，分别以故障和故障原因作为输入和输出，实现对故障原因的精准分析和对未来故障的预测。

结合网络安全的需求，AI 技术也可用于预警和识别光层的网络攻击。

针对以上几种代表性应用，本节将其分类为决策型 AI 应用和辅助型 AI 应用。决策型 AI 应用是指整个系统的运行直接依赖于 AI 技术，AI 预测的失效可能导致系统的瘫痪，造成严重后果。在上述代表性应用中，接收端和光网络应用均可被归为决策型 AI 应用。例如，对于光通道 QOT 的预测，尽管在大多数情况下，AI 技术可以较精准地预测光通道的 QOT，但如果在某一时刻预测失效，将导致相应的光通道不能被实际建立，或者建立的光通道达不到用户的传输要求，这就违背了通信服务水平协议（service level agreement, SLA）。对于骨干网络中的高速光通道，违背 SLA 的后果往往比较严重，可能引起巨额的商业赔偿。所以，对于决策型 AI 应用，网络运营商和设备生产商一般都比较谨慎。截至目前，尚未发现有网络运营商在其现网中采用基于 AI 技术的光通道 QOT 预测。

辅助型 AI 应用是指采用 AI 技术进行日常网络维护和潜在故障的预测，这类预测的失败不会造成系统的瘫痪或严重的经济损失，其类似于购物网站的商品推介，推介错误只是减少了有效推介的机会，而不会造成任何损失。在前面所提到的代表性应用中，故障分析预警和网络安全均可被归为辅助型 AI 应用。例如，可采用 AI 技术对网络未来故障开展预测，如果预测准确，可以提高网络的稳健性；如果预测失败，也不会造成损失。因为其只是一种提醒或预警，网管人员会对此类预警信息进行核实，如果预测正确，会采取相应的措施；如果预测错误，则会将其忽略，不会影响网络的正常运行。

二、光通信网络中 AI 应用的潜在风险

以"黑盒子"为代表的 AI 技术易学易用，目前属于研究热点。AI 技术可以很好地解决一些问题（如围棋、图像语音识别等），但它并非万能，对于其他的一些问题，过度使用 AI 技术反而会带来弊端和风险。本部分将结合光通信网络，介绍几种 AI 技术可能带来的弊端和风险。

（一）造成方法创新和背后机理分析的懈怠

AI 技术将同一种"黑盒子"方法不断地套用到不同的应用场景，导致对方法创新和背后机理分析产生懈怠。一个很典型的例子：由于 AI 技术（如深度学习）可以有效识别一些图像模式，有研究者将这一技术应用到对人体不同部位病变的识别。基于相同的方法和流程，不断地使用不同的人体部位图片，这样可以形成大量的所谓"研究成果"和学位论文。显然，从培养学生和科研的角度看，学生在项目中实际获得的研究技能和专业素养的提升是很少的，而实际工作只是收集相关的图片数据和编写少量 Python 代码，最后将训练任务交由图形处理器（graphics processing unit, GPU）来完成，没有针对具体的研究问题在方法机理上进行深入的思考和有效的创新，也就不能掌握（事实上目前也无法掌握）"黑盒子"里究竟发生了什么，这显然不利于创新能力的培养。

（二）巨大开放的光通信网络系统使 AI 技术很难精准预测

围棋棋盘中的 19 条横线加上 19 条竖线形成了一个闭合的信息（状态）空间，围棋的规则是固定的，外界因素不会改变这一信息空间的大小，完全是一种信息的博弈。光通信网络系统是一个开放系统（或不完全信息系统），它的开放性决定了 AI 技术学习（状态）空间的无限性。很多论文报道的 AI 技术很可能只是学习了光通信网络整个开放空间中的某一小部分，这一部分可能只对应于某一常规场景，而当实际应用场景偏离常规场景时，前面学习获得的 AI 参数就会失效，导致 AI 预测模型出错。下面给出几个典型的例子。

1.5G 核心网

5G 核心网是一个典型的实例。AI 技术被某设备生产商应用于 5G 核心网，在该生产商对国内 5G 核心网全面多参数 AI 学习后，获得一套较为精准的网络性能预测模型，然而将这一系统直接应用于欧洲某城市 5G 核心网时，模型不能正常工作，不能有效地预测并提升 5G 核心网的性能。因为中国城市和欧洲城市的 5G 核心网环境是不同的，中国城市和欧洲城市分别对应于开放空间中两个不同的子空间，所以中国城市的 5G 核心网参数不能保证在欧洲城市也有效。

2. 光通道 QOT 的预测

在光通信网络中，对于光通道信号传输质量的预测，也存在光通信网络学习空间巨大和开放性的问题。对于 QOT 的预测，通常是以网络中光通道的相关参数（如传输速率、调制格式、所经过的光纤链路数、光放大器个数及增益等）和它们在接收端检测到的 QOT 分别作为输入和输出，通过大量学习，实现对光网络中不同端对端光通道 QOT 的预测。尽管可以在实验室中收集几千个光通道测试样本（事实上，现在很多发表的论文使用的数据量要远小于这一量级），然后使这些样本进行训练学习，获得相应的预测参数，从论文发表的角度来看，这一过程是完整的，实验室获得的样本形成了一个子空间，采用这一空间中的样本获得的预测模型能有效地预测相同空间中的其他样本。然而，对于一个巨大开放的光通信网络状态空间而言，上述方法获得的实验室样本量仍过少，很难代表光网络开放环境下的全天候状态数据。因此，一个重要问题是，能否使用这些实验室中获得的模型参数去预测实际开放光网络中光通道的 QOT？显然，这是很具挑战性的，失败的概率会很高。原因可以通过以下例子来分析。

以一条建立在广州和沈阳之间的光通道为例。它经过多个不同的光纤链路段，这些链路段有的通过地下管道铺设，有的露天布设，同时考虑不同地区和不同季节的温差，以及露天光纤段的摆动（如由于大风造成露天光缆的摆动会严重影响光纤通信系统的正常工作）。这一实际网络场景显然比实验室中的场景要复杂得多，其信息状态空间比实验室场景大得多。如果采用实验室子空间中学习获得的模型去预测这一光通道的 QOT，其精准度显然是不能保证的。此外，还需要进一步考虑一些突发事件，如某段光缆被拖拽，或者某段光缆管道出现雨水倒灌、某一地段发生地震等，这些都可能导致网络信息状态空间发生变化。所以，拥有多个节点、多条链路的光通信网络的信息状态空间是不封闭且时变的，几乎是无限大的，是一个不完全信息系统。针对此类系统，要通过几千个静态信道的状态样本来学习获取一个统一、精准的 AI 预测模型显然是相当困难的，几乎不可能实现。

3. 网络故障和动态性

AI 技术的模型训练通常基于正常网络场景，所采集的样本也是在网络正常场景下运行的样本。当网络发生故障时，其对应的场景会发生偏离，导致其对应的状态信息空间发生变化，这说明了光通信网络是一个不完全信息系统，此时如果继续采用正常场景下获得的模型对新场景进行预测，就会面临预测失败的风险。对于前面提到的光网络应用场景，目前大多数的光通道 QOT 预测模型在学习时均未考虑网络发生老化和部分故障时的情形。然而，在实际光网络中，存在光放大器的泵浦光源逐渐老化、泵浦功率逐渐衰竭等问题。所以，一个完整可靠的 QOT 预测模型需要覆盖此类老化情况，然而这一过程是十分复杂的，因为其对应的学习样本很难产生和收集，所需的学习时间也相当长。

此外，现有的很多光通道 QOT 预测模型也未考虑光网络的动态特性，如新的光通道业务的建立和老业务的释放等。在光纤通信系统中，任何光通道的建立或释放都会影响与其同纤的其他光通道。考虑光网络中存在大量的光通道，不同光通道同纤的组合几乎是无穷的，这使光通道 QOT 模型训练过程很难对这些组合进行全覆盖，所以也很难保证所得预测模型的精准性。事实上，目前大多数研究只采用了最多几百条静态光通道的训练样本，而面对一个包含几十个甚至上百个节点的光网络，这一规模的训练样本显然是不够的。

尽管 AI 具有不断学习进化的能力，理论上可以应对由于网络故障和动态性造成的样本不完整和结果适应性差等问题，但这要求在网络环境发生变化后，系统能立即拥有足够多的新环境学习样本，且系统的学习必须足够快，能在新环境下立即完成学习。然而，在未进入新环境或刚进入新环境时，短时间内获取大量新环境下的学习样本显然是比较困难的。为解决这一少样本或无样本的问题，可以通过专家决策的方法为学习提供先验知识，但这些先验知识或虚拟样本不是系统实际产生的，有时并不能精确反映系统的实际行为，所以基于此训练的模型也不能保证其预测结果的精准性。

（三）AI 技术可能面临网络安全的威胁

AI 技术的基础是概率统计，主要依赖大量的样本学习来形成一套用于预测的系统参数。这一特性可能在某些场合给网络攻击提供可乘之机，对网络安全形成威胁。例如，一个用户可以通过为训练系统提供大量假的，或者不是最优的网络样本，使学习后获得的系统参数偏离实际的最优参数。尽管对于这一用户来说，这样做的代价是其不能获得最优的网络性能，但其可以恶意控制或影响整个网络中的资源分配决策和其他用户的网络性能。事实上，在某些网络排名系统中，很早就有用户利用这一统计学方面的漏洞来提高某些商品或网站排名和推荐机会。目前，专门针对 AI 技术的网络攻击尚很少被提及和关注，但这并不表示此类攻击在不久的将来不会出现。

三、光通信网络中 AI 应用的一些建议

AI 技术对光通信网络的规划和运营是有帮助的，但不是万能的。针对其在应用中可能存在的一些风险，本节建设性地提出了以下几点建议。

第一，AI 技术在光通信网络应用中比较适合于辅助性的预测场景，如在网络中某些信号的出现预示着可能在某些位置出现网络故障，因此可以进行预警，对网络和传输系统进行提前干预，防止故障的发生。只要保证大部分预警是正确的，那么即使存在少量的预警错误，也不会给网管人员造成很大的负担，这一智能性将极大地提高网络的可靠性，改善网络资源的使用效率，并提高用户的使用体验。

第二，由于光通信网络的巨大规模和高度开放性，对于涉及 SLA 的决策性应用场景，AI 技术应避免将整个光通信网络看成一个巨大的"黑盒子"来学习，尽管该类方法对于进行方法性探究是可行的，但在实际工程性应用中，存在着巨大的风险。这是因为光通信网络状态空间的开放性和突发事件的不确定性决定了 AI 技术的预测能力不可能保证全覆盖，一定会出现某些失效场景，违背 SLA，进而导致巨额的经济赔偿，相对于这一赔偿和后续造成的损失，AI 技术给光通信网络带来的效率提升和成本节省可能可以忽略。

第三，面对开放的光通信网络状态空间，一个比较有效的策略是采用基于单元器件或设备的单元化小空间 AI 建模，并基于获得的 AI 单元参数，进一步结合传统的经典方法进行网络建模和规划。这一结合能有效解决基于全网 AI 技术建模的状态空间开放性难题。缩小的子系统状态空间能有效降低 AI 技术失效的风险，同时由于光通信网络采用了传统的网络建模和规划方法，能有效规避在 AI 技术下全网"黑盒子"的弊端。当出现失效时，仍可以很快地通过传统的建模和规划方法，宏观地确定实际失效的位置和对应的"黑盒子"。

第四，尽管采用 AI 技术进行更高精度的网络性能预测可以提高网络资源使用效率、降低网络成本，但这是以损害网络可用性或生存性为代价的。传统的光网络建模和规划通常为了保证足够高的网络可用性，留足各方面的余量。例如，在评估光通道所需的 QOT 时，通常为了支持某种调制格式和频谱效率，会全面考虑各种 OSNR 损伤并留足余量，以保证光网络在 30 年之后还能正常工作。而 AI 技术想通过大量的样本学习来获得一个更加精确的信道 QOT 评估模型，以降低传统方法下需要的余量。但是由于光通信网络状态空间的开放性，这种降低 OSNR 余量的方法可能使网络的可用性受损，而对于 AI 技术的使用到底会在多大程度上影响网络可用性，是否会违背 SLA，目前尚没有明确答案，也没有精确的评估方法。其原因在于，AI 技术是一个"黑盒子"技术，里面设置的参数和实际网络参数不是一一对应的关系，可解释性较差。所以，在使用 AI 技术的同时，评估光通信网络的可用性是十分必要的。只有在未违背网络可用性的前提下，使用 AI 技术才有实际意义，然而这方面的研究目前尚为空白。

第五，针对 AI 预测模型失效的情形，需要建立一种专门的网络保护机制，即当 AI 预测模型失效而出现网络瘫痪时，需要一种机制能及时恢复网络业务。这种业务的恢复机制和传统的网络发生故障时的业务恢复十分类似。例如，对于点对点的光通道业务，可以使用 AI 技术建立一条工作光通道，同时采用基于传统的非 AI 技术预留一条保护光通道。这个保护光通道需留足 OSNR 余量，所以其频谱资源使用效率可能低于工作光通道，但当工作光通道基于 AI 预测模型的配置失效时，可以通过保护切换将业务从工作光通道快速切换到保护光通道上，这时由于保护光通道留足了 OSNR 余量，能正常工作，从而保证了用户的网络业务不受影响。目前，针对 AI 预测模型失效的保护研究仍为空白，需要进一步针对不同的 AI 应用场景，提出不同的网络保护和恢复机制。

第六，AI 预测模型是通过对大量的样本进行分析或统计概率的方式获得的，因此此类系统可能遭受恶意假样本的攻击，攻击会影响系统的预测精度。此外，也可能面临更为精准或细化的攻击，如专门针对 AI 系统中某一特征值、神经元函数或权重值的攻击。尽管目前尚未收到此类攻击的报道，但应该未雨绸缪，需要尽早考虑相应的应对策略和防范措施。

第六章　新型网络安全技术

第一节　信息隐藏及相关技术

信息隐藏技术是指高效、安全地隐藏机密信息到有关载体中，建立不易被觉察或被攻破的信息传输方式。与之相对应的是隐秘信息检测技术，而隐秘信息检测是指破解信息隐藏的方法，发现含有隐秘信息的载体并过滤掉这些信息。目前信息隐藏已提出很多实用、有效的方法，但隐秘信息的检测起步较晚，仍处于初级阶段。

一、概念与模型

本部分主要介绍信息隐藏的概念与模型，信息隐藏的性能参数——隐蔽性、隐藏容量和鲁棒性；信息隐藏的对抗技术——隐秘信息检测的概念与模型；评价隐秘信息检测算法优劣的性能参数——检测率、误报率和漏报率等。

(一) 信息隐藏的概念与模型

信息隐藏是利用人类感觉器官的不敏感，以及多媒体数字信号本身存在冗余的特点，将机密信息隐藏到一个载体信号中，不被人的感知系统察觉，而且不影响载体信号的感觉效果和使用价值。目前，信息隐藏应用的主要领域有隐写术和数字水印。前者强调将机密信息隐藏在多媒体信息中不被发现，不仅隐藏机密信息的内容，同时也隐藏机密信息的存在；后者则关心隐藏的信息是否被盗版者移去或修改。

(二) 信息隐藏的性能参数

在信息隐藏研究中的一个基本问题是正确处理隐蔽性、隐藏容量和鲁棒性之间的关系，它们构成信息隐藏的三要素。

隐蔽性包括对于感官的不可感知性和统计的不可见性。前者主要针对保护知识产权的数字水印，隐藏的水印必须不损伤载体的听觉／视觉质量，从而不影响其商业价值；后者对于隐蔽通信极为重要，因为只要能用统计方法检测出机密信息的存在，信息隐藏的努力就失败了。总之，要求载体在机密信息隐藏前后不仅在听觉、视觉上无差异，而且在统计上也无差异，或者差异足够小。由于人的感官评价具有高度的智能性，主观测试是判断视觉、听觉隐蔽性的基本手段。但主观评价程序复杂、代价较高，在实际中往往难以运用，因此希望寻求载体的某种失真测度对信息隐藏的隐蔽性进行客观衡量，如均方误差或峰值信噪比等。

隐藏容量是指在一个载体中可以隐藏的机密信息量（比特）。信息隐藏是在一个有实际意义的载体中隐藏机密信息，载体的概率密度函数多种多样，因此在这种状况下得到信道容量是比较复杂的问题。

鲁棒性是指抵御攻击、正确提取隐藏信息的能力。对信息隐藏系统的攻击包括恶意攻击和常规信号处理。恶意攻击有几何攻击、解释性攻击、实施性攻击等。常规信号处理指滤波、缩放、压缩编码等。

隐蔽性、隐藏容量和鲁棒性三者相互制约、相互矛盾。隐蔽性与隐藏容量直接有关，即隐藏容量越大，隐蔽性也就越差。如果既要保持好的鲁棒性，又要保持好的隐蔽性，就要以牺牲隐藏容量为代价。信息隐藏方法要尽可能少地修改载体，实现足够大的隐藏容量和高度的鲁棒性。在设计方案和算法时总是根据实际应用的不同要求，尽可能在三者之间取得某种平衡或折中。一般要侧重三要素中的某个方面。例如，用于知识产权保护的数字水印，隐藏容量往往不是首先考虑的因素，最重要的是具有很强的抵御恶意和非恶意攻击的能力，即具有较高的鲁棒性。只要隐秘对象还具有使用价值，机密信息就应该能被正确提取出来。只有当隐秘对象已经失去使用价值，水印才会遭受严重的破坏。

作为信息隐藏的另一重要分支，隐写术首要考虑的是隐蔽性和隐藏容量。一个隐蔽通信系统只要能抗正常通信信道的干扰，保证机密信息的高正确率传输就可以了。但隐蔽信息必须是不可见的，甚至宿主信号也要尽可能地不重复。此外，隐藏的信息容量也必须合理，否则一份简短的机密信息需要花费巨量的宿主信号和时间就失去了实用意义。

(三) 隐秘信息检测的概念与模型

隐秘信息检测是信息隐藏的逆过程，是破解信息隐藏的方法，发现载体中的隐秘信息并过滤掉这些信息。隐秘信息的检测、提取和攻击都属于隐写分析的范畴。隐秘信息的检测是提取和攻击的基础，只有确定载体中是否隐藏秘密信息，隐秘信息的提取和攻击才有目的性。

(四) 隐秘信息检测的评价参数

当隐秘信息的检测算法被设计好后，需要对其性能的优劣进行客观的评价。准确性、适用性、实用性和复杂度是评价隐秘信息检测算法性能优劣的4个指标。准确性指检测的准确度，是隐秘信息检测最重要的一个评价指标。检测的准确度包含两层意思：一是能否准确检测出含有隐秘信息的载体；二是能否准确判断出不含隐秘信息的载体。检测的准确性一般采用误报率和检测率来表示。

隐秘信息检测要求在尽量减少误报率和漏报率的条件下取得最佳检测率。但在误报率和漏报率二者无法同时满足的情况下，要根据具体的应用场合牺牲某一参数。如在隐秘载体数量较少的情况下，着重减小漏报率。但面对互联网上数以千亿的网页和图像载体进行检测时，则着重减小误报率。

如果某一检测算法的全局检测率达到85%，则可认为该检测算法性能良好。

适用性是指检测算法对不同信息隐藏算法隐藏信息检测的有效性，由检测算法能够有效检测出多少种、多少类信息隐藏算法衡量。实用性是指检测算法可实际应用的程度，由现实条件允许与否、检测结果稳定与否、自动化程度和实时性等衡量。

复杂度是针对检测算法本身而言的，由检测算法实现所需的资源开销、软硬件条件等衡量。截至目前，还没有确切的针对适用性、实用性和复杂度的定量、度量，只能通过比较不同检测算法之间的实现情况和检测效果得出结论。

二、常用信息隐藏方法

信息隐藏按照载体分为图像信息隐藏技术、视频信息隐藏技术、音频信息隐藏技术、文本信息隐藏技术、软件信息隐藏技术、数据库信息隐藏技术、XML 信息隐藏技术、网页信息隐藏技术等。下面介绍网页信息隐藏技术，而与网页相类似的文件有文本、软件、数据库和 XML。这些载体的信息隐藏对网页信息隐藏技术起指导作用。

（一）文本信息隐藏

从 1993 年开始，人们开始研究文本信息隐藏技术，其中以布拉希尔（Brassil）和洛（Low）等提出的位移编码、行移编码和特征编码等方法为主要代表。随后许多研究者在他们提出的算法基础上进行改进，相继提出多种文本信息隐藏算法。目前，文本信息隐藏算法及信息隐藏工具层出不穷，大体上可分为以下 4 类。

1. 基于不可见字符的文本信息隐藏

不可见字符如 Space 键、Tab 键可以被加载在句末或行末等位置而不会显著改变文本的外观，最早用于非格式化文本的信息隐藏方法就是行末加 Space 键或 Tab 键的方法。如现在比较流行的 Snow 软件和 Wbstego 4.2 软件可以在 TXT 文档中隐藏信息。

2. 基于形近字符和字符特征的文本信息隐藏

通过使用形近字符的替换可以在文本中隐藏信息，如双字节标点与单字节标点中就有很多是形近字符，拉丁字符与希腊字符中有很多形近字符，中文字体中的宋体和新宋体字形等都可以作为载体隐藏信息。通过修改字符特征隐藏信息的方法修改字体颜色、字体大小等。

3. 基于格式的文本信息隐藏

在格式文本中，少量改变字、行等文本元素的格式信息也不会显著改变文本的外观，而且相对于前两种方法，这种方法的隐蔽性更好、隐藏信息容量更大，较为常用。如基于位移的文本信息隐藏方法、基于行移的文本信息隐藏方法和基于文字特征的文本信息隐藏方法等。

4. 基于语法或语义的文本信息隐藏

基于语法或语义的文本信息隐藏算法则是在文本域中隐藏信息，这类方法通过对文本进行语法或语义的分析，采用同义词替换、语法变换、构建 TMR 树等方法在文本中隐藏信息，这类方法比基于格式的文本信息隐藏方法具有更好的鲁棒性和隐蔽性，但是需要语法或语义分析技术的支持。美国普渡大学（Purdue University）教学科研信息安全中心（CERIAS）的阿塔拉（Atallah）教授等提出了基于语义的文本信息隐藏算法。他们首先对文本进行句法变换和语义变换，生成 TMR 树，根据隐藏的信息修改 TMR 树后再变换到文本域。该算法没有直接修改文本的特征，具有较高的鲁棒性。

基于格式的文本信息隐藏算法和基于语法或语义的文本信息隐藏算法，是常用的两种算法。在基于格式的文本信息隐藏中，布拉希尔提出的位移编码、行移编码在本质上是利用文本间的空白隐藏信息。其后，又有许多研究者在此基础上进行扩展，提出了一些新的基于空白的文本信息隐藏算法，主要有：将词间空白表示成正弦函数隐藏信息；基于单词分类和长度大小隐藏信息；基于字符间和词间空白的关系隐藏信息；基于词的缩放量隐藏信息；等等。基于格式的文本信息隐藏算法简单，主要是将文本看作二值图像，并在文本图像域中隐藏和提取信息，但该类算法不能抵抗 OCR 攻击和格式攻击。

（二）软件信息隐藏

IBM 公司申请了一项软件水印专利，提出通过重新排列多分支控制语句的顺序，作为水印编码的方法加入水印；后来莫斯科维茨（Moskowitz）和库珀曼（Cooperman）提出一种防篡改的水印算法，将水印关键代码的一部分隐藏在软件的资源（如图片等）中，程序从资源中提取出代码执行。如果资源被破坏，程序就会出错；波特科尼亚克（Potkonjak）提出把寄存器出入栈的顺序作为水印编码的方法；文卡泰桑（Venkatesan）等提出基于图论的软件水印方法，这类软件水印的共同点是水印存储在可执行程序代码中（有的是加入指令代码，有的是加入数据结构），通过静态分析程序中的指令代码排列或数据结构提取水印，这类水印也称为静态软件水印。静态软件水印很容易被攻击，如二进制代码优化器和简单的代码转换技术即可破坏这种水印。因此，人们寻求的改进方案发展了基于代码混淆技术的和基于机器指令混淆技术的静态软件水印。

基于代码混淆技术的静态软件水印是通过混淆程序代码使程序的可读性降低，即使目标代码经过反编译或反汇编工具得到源代码，也能增加程序理解的难度，增加获取、发现水印信息的难度，从而增加水印的安全性。

基于机器指令混淆技术的静态软件水印是将中央处理器或协处理器的指令系统按一定规律置乱，在 CPU 获取指令后再按规律恢复到原有指令。这种方法的特点是可以使水印和软件与硬件紧密结合，增加安全性。尽管指令系统已置乱，但实际上置乱的指令系统和原有指令系统存在一一对应的关系，故该方法也易破解。另外，由于每条指令都需要重新解释，运行开销很大。

动态软件水印是将水印信息加入软件执行轨迹或软件运行时的数据结构中，当软件输入特定信息时，可根据软件执行轨迹图或数据结构图检测出水印信息。该方法又分为 3 类：复活彩蛋水印、动态执行轨迹水印和动态数据结构水印。复活彩蛋水印是通过执行特定的输入或操作后就出现能够标示版权等信息的水印。它的特点是无需专门的检测程序，水印在程序中的位置容易找到，容易去除。目前在使用的软件中有很多都有复活彩蛋水印。动态执行轨迹水印通过执行特定的输入或操作后，根据程序中指令的执行顺序、内存地址走向等统计信息提取水印。动态数据结构水印是通过执行特定的输入或操作后，检测隐藏在堆、栈中数据的取值及变量的取值等程序状态信息提取水印。

（三）数据库信息隐藏

数据库信息隐藏技术始于 2002 年。IBM 公司的阿格拉瓦尔（Agrawal）等和普渡大学的西昂（Sion）等对数据库的信息隐藏技术做了较全面的研究后提出了许多信息隐藏算法。这些算法从修改数据上分为以下两大类。

1.基于数值型属性值的数据库信息隐藏法

阿格拉瓦尔等提出对数据库中数值型属性值进行隐藏信息修改的策略。该策略首先假定，可修改的属性值允许一定的误差，并在其误差范围内不影响数据库数据的具体使用。西翁等提出的数据库信息隐藏技术，也是对数值型属性值进行隐藏信息的修改。

2. 基于非数值型属性值的数据库信息隐藏法

对非数值型属性值的细微修改，将破坏数据库的可用性，因而该类算法难度较大。相对成熟的算法是普渡大学的西昂等提出的基于非数值型属性值的数据库信息隐藏算法。该算法提出新的信息编码规则和隐藏通道，从而有效解决数据库在隐藏信息后的可用性遭到破坏的问题。该算法为盲检测，不需要原始数据库，且能抵抗子集选择、随机变换等多种攻击，同时满足数据库的更新和删除等操作。

（四）XML 信息隐藏

随着网络技术的发展，XML 规范是一组由万维网（world wide web，WWW）联盟定义的规则，用于以普通的文本描述结构化的数据。与 HTML 一样，XML 是一种标记语言，建立在放在尖括号中的标记的基础上，它是标准通用标记语言（standard generalized markup language，SGML）的一个子集。XML 提供一种描述数据与平台无关的方法，有许多的应用，现已成为互联网上数据交换的标准。电子商务、电子政务的迅速发展，使越来越多有价值的数据通过 XML 进行交换和存储。由于 XML 本身就是文本文件，对 XML 的复制非常容易，使得许多有价值的 XML 文件面临非法复制与传播的威胁。因此，XML 文档的信息隐藏技术应运而生。

XML 信息隐藏方法通过创建看起来不同，但拥有相同数据结构或者语义值的 XML 文档隐藏信息，而区别在于实体的结构、属性的排列、字符的编码或者不起眼的空白。目前，国内外已有很多 XML 的信息隐藏技术和相关信息隐藏算法，主要集中在基于 XML 逻辑结构和内容的 XML 信息隐藏技术，大体上可分为 4 类。

1. 基于 XML 逻辑结构的信息隐藏方法

基于 XML 逻辑结构的信息隐藏方法是利用 XML 标记的 5 种变化：空白元素、标记中的空白、改变元素的顺序、改变属性的顺序、元素间嵌套。

2. 基于 XML 内容的信息隐藏方法

基于 XML 内容的信息隐藏方法应用选择和压缩两种方法隐藏信息。选择法是通过修改 XML 文档中数值型数据的方法隐藏信息。压缩法则是通过压缩 XML 文档内容的方法隐藏信息。

3. 结合逻辑结构和内容的 XML 信息隐藏方法

结合逻辑结构和内容的 XML 信息隐藏方法是基于逻辑结构和节点内容结合的信息隐藏方法。首先，XML 文档的节点内容可以是图像、文本、数据、软件等。其次，借助已有的隐藏算法，将部分信息隐藏到节点内容中。最后，通过 XML 文档的逻辑结构将这些部分信息"胶合"成整体信息。

4. 基于参数化查询语句的 XML 信息隐藏方法

基于参数化查询语句的 XML 信息隐藏方法，即在可接受的误差范围内，通过设计某一查询语言的一系列的参数化查询语句的方式来隐藏信息。

三、信息检测技术

本部分介绍图像中的隐秘信息检测方法，并联系网页中的隐秘信息检测。

(一) 基于 LSB 的隐秘信息检测

最低比特位（least significant bit，LSB）的信息隐藏方法通用性较好，其可应用于所有媒体。这种隐藏方法比较容易实现，而且可以隐藏大量的秘密信息。通常，灰度图像的像素值由 8 位组成，彩色图像中像素的红、绿、蓝 3 个分量各由 8 位组成，LSB 信息隐藏方法将载体图像的最低比特位用嵌入的机密信息替换。为提高安全性，嵌入前先对机密信息进行加密，然后用原来的 7 个位平面与含机密信息的最低位平面组成隐藏后的图像。

尽管 LSB 信息隐藏方法实现简单、隐藏容量大、视觉隐蔽性好，但并不安全。卡方检验（χ^2）和 RS 方法是针对 LSB 信息隐藏的两种经典检测方法。在 LSB 信息隐藏方案中，如果机密信息位与隐藏该位的像素灰度值的最后一位相同，就不改变原始载体；反之，则要改变灰度值的最后一位，即将像素灰度值由 $2i$ 改为 $2i+1$，或将 $2i+1$ 改为 $2i$；而不会将 $2i$ 改为 $2i-1$，或将 $2i-1$ 改为 $2i-2$。如果机密信息完全替代了载体图像的最低位，那么灰度值为 $2i$ 和 $2i+1$ 的像素数会比较接近，卡方检验可以据此检测出机密信息的存在。

LSB 隐藏方法就相当于对部分像素应用 F_1 操作。如果在原始载体中选取部分像素分别进行 F_1 和 F_{-1} 操作，从统计上来说，会同等程度地增加图像块的混乱度。如果载体隐藏机密信息，应用 F_1 映射对混乱度的增加要大于应用 F_1 映射对混乱度的增加。这种不对称性暴露机密信息的存在，而且可以进一步估计出隐藏的机密信息量。

（二）基于 JPEG 兼容性的隐秘信息检测

有一些非压缩图像曾经被压缩过，用这些图像作为载体进行信息隐藏往往是不安全的，因为 JPEG 压缩中的量化处理，使图像的分块 DCT 系数出现明显的阶梯特性。而在这样的图像中隐藏信息，会对量化特性造成破坏。因此，根据 DCT 系数的量化特性是否受到破坏，判断载体中机密信息的存在。但是，如果在隐藏信息时，注意保持 DCT 系数的量化特性，也可以抵制这种检测方法。

（三）调色板图像中隐秘信息检测

调色板图像在互联网上很常见，如 GIF 图像。利用调色板图像的信息隐藏可分为两类：一类是通过调色板中的颜色排列顺序隐藏秘密信息，另一类是将机密信息隐藏在图像像素中，如最佳奇偶分配方法（optimal parity assignment，OPA）等。基于 LSB 的隐秘信息检测算法根据奇异颜色，可检测出以 OPA 方法嵌入的机密信息。

（四）JPEG 图像中隐秘信息检测

JPEG 是一种使用非常广泛的图像格式，以 JPEG 图像作为信息隐藏的载体有着重要的应用价值。JPEG 图像是由分块 DCT 变换后的系数按照一定的量化表量化而成，量化后的系数是量化表中对应量化步长的整数倍。首先，修改量化表中对应中高频分量的量化步长；其次，将机密信息隐藏在图像的中高频系数上，但修改后的中高频量化步长会小于低频量化步长，这种异常会暴露机密信息的存在，因此安全性不高。大多数隐藏方法并不改变原始图像的量化表，而是根据一定的规则，直接将机密信息隐藏在量化后的 DCT 系数上。但这些方法会改变载体图像的一些统计特性，弗里德里希（Fridrich）提出的隐秘信息检测方法，可察觉到 DCT 系数直方图和分块特性的变化，据此检测出隐秘信息的存在。

（五）通用的隐秘信息检测

以上论及的隐秘信息检测方法，都是针对特定信息隐藏技术的，实现通用检测的难度要比特定检测的难度大得多。基本上是从许多原始图像和含机密信息的图像中，分别提取一些统计特性，并对神经网络进行训练。当检测者得到一幅待检测图像后，将统计特性输入神经网络，输出的结果就是对隐秘信息存在性的判断。例如，用各种标准对图像质量和使用变换域系数的高阶统计特性进行判断。但是通用检测方法存在一些缺陷，如计算量大、误检率高等，而且难以得到用于训练的隐秘图像样本。

第二节　物联网及其安全

一、物联网简介

物联网最早在 1999 年提出，顾名思义就是"物物相连的互联网"。物联网的核心是云计算，而基础是互联网。物联网是互联网的延伸和扩展。

物联网是通过射频识别（RFID）、红外感应器、全球定位系统、激光扫描器等信息传感设备，按约定的协议，把任何物品与互联网连接起来，进行信息交换和通信，以实现智能化识别、定位、跟踪、监控和管理的一种网络。它既是传统互联网的自然延伸，因为物联网的信息传输基础仍然是互联网，也是一种新型网络。物联网具有以下特点。

（一）终端的多样化

互联网是电脑互联的网络，现在能联网的设备越来越多，除电脑之外，还有手机、平板电脑及网络机顶盒等，但在物联网中，这些还不够。人们坐在家里环顾四周，就会发现身边还有很多东西是游离于互联网之外的，如电冰箱、洗衣机、空调等。人们开发物联网技术，就是希望借助它将我们身边的所有东西都连接起来，小到手表、钥匙及各种家电，大到汽车、房屋、桥梁、道路，甚至那些有生命的东西（包括人和动植物）都连接进网络。这种网络的规模和终端的多样性，显然要远远大于现在的互联网。

(二) 感知的自动化

物联网在各种物体上植入微型感应芯片，这样任何物品都可以变得"有感受、有知觉"。例如：洗衣机通过物联网感应器，"知晓"衣服对水温和洗涤方式的要求；人们出门时物联网会提示是否忘记带公文包；借助物联网，人们可以了解自己的孩子一天中去过什么地方、接触过什么人、吃过什么东西等。物联网的这些神奇能力是互联网所不具备的，它主要是依靠 RFID 技术实现的。人们坐公交时所用的公交卡刷卡系统、高速公路上的不停车收费系统都采用了 RFID 技术。在物联网中，RFID 发挥着类似人类语言的作用，借助这种特殊的语言，人和物体、物体和物体之间可以相互感知对方的存在、特点和变化，从而进行"对话"与"交流"。

物联网把新一代 IT 技术运用到各行各业中，具体地说，就是把感应器嵌入和装备到电网、铁路、桥梁、隧道、公路、楼房、大坝、供水系统、油气管道等各种物体中，然后将它们与现有的互联网整合起来，实现人类社会与物理系统的整合。在这个整合的网络当中，存在能力超级强大的中心计算机群——云计算，来整合网络内的人员、机器、设备和基础设施，实施实时的管理和控制，达到"智慧"的状态，提高资源利用率和生产力水平，改善人与自然之间的关系。

二、物联网安全模型

物联网利用 RFID、传感器、二维码，甚至其他的各种机器，即时采集物体动态，并进行可靠的传送；感知的信息是需要传送出去的，通过网络将感知的各种信息进行实时传送；利用云计算等技术及时对海量信息进行智能处理，真正达到人与人的沟通和物与物的沟通。如上所述，与互联网相比，物联网主要实现人与物、物与物的通信，通信的对象扩大到了物品。根据功能的不同，物联网体系结构大致分为 3 个层次：底层是用来采集信息的感知层，中间层是数据传输的网络层，顶层则是应用层。

物联网安全的总体需求是物理安全、信息采集安全、信息传输安全和信息处理安全。安全的目的是确保信息的机密性、完整性、真实性和数据新鲜性，结合物联网模式介绍物联网的安全层次模型，各个部分的具体作用如下。

第一，物理安全层：保证物联网信息采集节点不被欺骗、控制、破坏。

第二，信息采集安全层：防止采集的信息被窃听、篡改、伪造和攻击，主要涉及传感技术和 RFID 的安全。在物联网层次模型中，物理安全层和信息采集安全层对应物联网的感知层安全。

第三，信息传输安全层：保证信息在传递过程中的机密性、完整性、真实性和新鲜性，主要是电信通信网络的安全，对应物联网的网络层安全。

第四，信息处理安全层：保证信息的私密性和储存安全等，主要是个体隐私保护和中间件安全等，对应物联网的应用层安全。

三、物联网层次安全

物联网是由感知层、网络层和应用层构成的信息系统，物联网除了传统 TCP/IP 网络、无线网络和移动通信网络等传统网络安全问题外，还存在着大量新的问题。物联网有三个特征：一是全面感知，即利用 RFID、传感器、二维码等随时随地获取物体的信息，这个特征对应物联网的感知层；二是智能处理，应用云计算、模糊识别等多种智能计算技术，对海量的数据和信息进行分析和处理，对物体实施智能化的控制，这是物联网的网络层；三是应用层，即对信息综合处理后的应用层。各层次的安全问题有以下三方面。

（一）感知层的安全问题

物联网的感知层主要采用 RFID 技术，嵌入 RFID 芯片的物品能方便地被物品主人感知，也能被其他人感知。但是这种被感知的信息通过无线网络平台进行传输时，信息的安全性极其脆弱。具体表现在以下几个方面。

1. 个人隐私泄露

RFID 被用于物联网系统时，RFID 标签被嵌入任意物品中。而这些物品的使用者、所有者是察觉不到的，从而可能导致使用者、所有者的隐私信息被定位、监视和追踪，个人隐私的安全得不到保障。

2. 疑似攻击

由于智能传感终端、RFID 电子标签相对于传统 IP 网络而言是暴露给攻击者的，再加上传输平台在一定范围内是无线网络，窜扰问题在传感网络和无线网络领域显得非常棘手。所以，在传感器网络中由这些原因引起的疑似攻击威胁传感器节点间的协同工作。

3. 计算机病毒、黑客攻击

对恶意程序而言，在无线网络和传感网络环境下，物联网有更容易的入口，一旦入侵成功，之后通过网络传播就变得非常容易。相比有线网络，物联网特有的优势也使得其对具有传播性、隐蔽性、破坏性的恶意程序更加难以防范。

4. 大量数据请求导致拒绝服务

计算机病毒、黑客攻击等多数发生在感知层与核心网络的衔接部位。由于物联网中节点数量巨大，并且以集群的形式存在，因此在数据传输时，大量节点数据的传输请求会导致网络堵塞，产生拒绝服务的情况。

5. 信息安全

在现有技术条件下，感知节点功能单一，信息处理能力有限，导致它们还无法具有复杂的安全保护能力。而且感知层网络节点多种多样，其采集的数据、传输的信息也没有统一的标准，也难以提供统一的安全保护策略与体系。另外，物联网的发展还将应用于国家各项公共事务的处理中，因此其安全问题更加重要。

(二) 网络层的安全问题

物联网的网络层由移动通信网、互联网和其他专网组成，主要实现信息的转发和传送，它将感知层获取的信息传送到远端，为数据在远端进行智能处理和分析决策提供有力支持。物联网的基础网络可以是互联网，也可以是某个具体的行业网络。物联网的网络层按功能分为接入层和核心层，网络层的安全问题表现在以下两个方面。

1. 网络环境的不确定性

广泛分布的感知节点，其实质就是监测和控制网络上的各种设备，通过对不同对象的监测而提供不同格式的反馈数据来表征网络系统的当前状态。从这个角度看，物联网感知层的数据非常复杂，数据间存在着频繁的冲突与合作，具有很强的冗余性和互补性。所以，对于物联网的数据而言，除了传统网络的所有安全问题，还由于来自各种类型感知节点的数据是海量的并且是多源异构数据，其带来的网络安全问题更加复杂。

2. 传输层的安全问题

现有的通信网络是面向连接的工作方式，而物联网的广泛应用必须解决地址空间空缺和网络安全标准等问题。从现状看，物联网对其核心网络的要求，尤其是在可控、可信、可管和可知等方面，远远高于目前的 IP 网所能承受的能力，因此物联网会为其核心网络采用数据分组技术。此外，现有通信网络的安全架构是按人的通信角度设计的，并不完全适用于机器间的通信，使用现有的互联网安全机制，可能会割裂物联网机器间的逻辑关系。

（三）应用层的安全问题

物联网的应用层是一个集成应用和解析服务的，并具有强大信息处理和融合功能的服务系统，如物流监控、智能检索、远程医疗、智能交通、智能家居等。应用层涉及业务控制和管理、中间件、数据挖掘等技术。物联网的应用是多领域、多行业的，因此，处理广域范围的海量数据、制定业务控制策略是物联网在安全性和可靠性方面的重要问题。

四、物联网安全的局限性

物联网的应用给人们带来便利的同时，也受到网络信息安全方面的一些限制。其局限性主要有以下方面。

（一）移动通信的安全问题

随着 5G 手机在我国得到迅速应用和推广，由 5G 手机带来的安全隐患也随之而来。5G 是"第五代移动通信技术"的简称，是指支持高速数据传输的蜂窝移动通信技术。若将 5G 手机与物联网智能结合，会使人们的生活更加方便，进而改变人们的生活方式。但是，5G 手机是否安全将直接影响物联网是否安全：其一，5G 手机与计算机同样存在多种多样的漏洞，漏洞会影响物联网的安全；其二，手机虽然简便、易携带但是也极易丢失，这样就可能对用户造成一定损失。

（二）信号干扰

若物联网的相关信号被干扰，那么对个人或对国家的信息安全会有一定威胁，个人利用物联网高效地管理自身的生活，智能化处理紧急事件。然而，若个人传感设备的信号遭到恶意干扰，就极容易给个人带来损失。对于国家来说也一样，若国家的重要机构使用物联网，其重要信息也有被篡改和丢失的危险。例如，银行等重要的金融机构涉及大量个人和国家的重要经济信息，通常这些机构配置了物联网技术，一方面有利于监控信息，另一方面成为不法分子窃取信息的主要途径。

（三）恶意入侵与物联网相整合的互联网

物联网建立在互联网的基础上，高度依赖于互联网，存在于互联网中的安全隐患在不同程度上会对物联网产生影响。目前，互联网遭受病毒、恶意软件、黑客的攻击层出不穷。同样，在物联网中传播的病毒、恶意软件、黑客如果绕过了相关安全技术的防范，就可以恶意对物联网的授权管理控制进行操作和损害用户的物品，甚至侵犯用户的隐私权。如果银行卡、身份证等涉及个人隐私和财产的敏感物品被他人控制，那么后果不堪设想，不仅造成个人财产的损失，还威胁社会的稳定和安全。通过互联网攻击的主要方法如下。

1. 阻塞干扰

攻击者在获取目标网络通信频率的中心频率后，在这个频点附近发射无线电波进行干扰，使攻击节点通信半径内的所有传感器网络节点不能正常工作，甚至使网络瘫痪，这是一种典型的 DOS 攻击方法。

2. 碰撞攻击

攻击者连续发送数据包，在传输过程中与正常节点发送的数据包冲突，因为校验时不匹配，导致正常节点发送的整个数据包被丢弃，这是一种有效的 DOS 攻击方法。

3. 耗尽攻击

攻击者利用协议漏洞，通过持续通信的方式使节点能量耗尽，如利用链路层的错包重传机制，使节点不断重复发送上一包数据，最终耗尽节点资源。

4. 非公平攻击

攻击者不断发送高优先级的数据包，从而占据信道，导致其他节点在通信过程中处于劣势。

5. 选择转发攻击

物联网是多跳传输，每一个传感器既是终节点又是路由中继点。这要求传感器在收到报文时要无条件转发（当该节点为报文的目时除外）。攻击者利用这一特点，拒绝转发特定的消息并将其丢弃，使这些数据包无法传播。采用这种攻击方式，只丢弃一部分应转发的报文，从而迷惑相邻传感器，达到攻击网络的目的。

6. 陷洞攻击

攻击者通过一个危害点吸引某一特定区域的通信流量，形成以危害节点为中心的"陷洞"，处于陷洞附近的攻击者极易对数据进行篡改。

7. 女巫攻击

物联网中每一个传感器都有唯一的标识与其他传感器进行区分，由于系统的开放性，攻击者可以扮演或替代合法的节点，伪装成具有多个身份标识的节点，干扰分布式文件系统、路由算法、数据获取、无线资源公平性使用、节点选举流程等，从而达到攻击网络的目的。

8. 洪泛攻击

攻击者通过发送大量攻击报文，导致整个网络性能下降，影响正常通信。

9. 信息篡改

攻击者将窃听到的信息进行修改，如删除、替代全部或部分信息之后，再将信息传送给原本的接收者，以达到攻击网络的目的。

五、物联网安全关键技术

在传统网络中，网络层的安全和感知层的安全是相互独立的。而物联网的特殊安全问题，主要是物联网在现有移动网络基础上，集成了感知网络和应用平台带来的。因此，移动网络的大部分机制，仍然可以适用于物联网，并提供一定的安全性，如认证机制、加密机制等。但还需要根据物联网的特征对安全机制进行调整和补充。物联网作为一种多网络融合的网络，其安全涉及各个网络的不同层次，在这些独立的网络中，实际应用了多种安全技术，但对物联网中的感知网络而言，资源的局限性使安全研究的难度较大，本部分主要针对传感网中的安全问题进行讨论。

（一）物联网的加密机制

传统的网络层加密机制是逐跳加密，即信息在传输过程中是加密的，但是需要不断地在每个经过的节点上解密和加密，在每个节点上都是明文。而业务层加密机制则是端到端的，即信息只在发送端和接收端才是明文，而在传输的过程和转发节点上都是密文。由于物联网网络连接和业务使用紧密结合，因此面临着到底使用逐跳加密还是端到端加密的选择。

对于逐跳加密来说，只对有必要受保护的链接进行加密，并且由于逐跳加密在网络层进行，所以适用于所有业务，即不同的业务在统一的物联网业务平台上实施安全管理，做到安全机制对业务的透明。保证逐跳加密的低时延、高效率、低成本和可扩展性。但是，因为逐跳加密需要在各传送节点上对数据进行解密，所以各节点都有可能解读被加密信息的明文，因此逐跳加密对传输路径中的各传送节点的可信任度要求很高。

对于端到端的加密方式来说，可根据业务类型选择不同的安全策略，为高安全要求的业务提供高安全等级的保护。不过端到端的加密不能对信息的目的地址进行保护，因为每一个信息所经过的节点，都要以此为目的地址来确定如何传输信息。这就导致端到端的加密方式，不能掩盖被传输信息的源点与终点，并容易受到对通信业务进行分析而发起的恶意攻击。另外，从国家政策角度来说，端到端的加密也无法满足国家合法监听政策的需求。

分析可知，对一些安全要求不是很高的业务，在网络能够提供逐跳加密保护的前提下，业务层端到端的加密需求并不重要。但是，对于高安全需求的业务，端到端的加密仍然是其首选。因此，不同物联网业务对安全级别的要求不同，可将业务层端到端安全作为可选项。

随着物联网的发展，对物联网安全的需求日益迫切，需要明确物联网中的特殊安全需求，需要考虑如何为物联网提供端到端的安全保护，这些安全保护功能又怎么用现有机制来解决？此外，随着物联网的发展，机器间集群概念的引入，还需要重点考虑如何用群组概念解决群组认证的问题。

（二）物联网中的认证机制

传统的认证是区分不同层次的，网络层的认证就负责网络层的身份鉴别，业务层的认证就负责业务层的身份鉴别，两者独立存在。但是在物联网中，机器都拥有专门的用途，因此其业务应用与网络通信紧紧地绑在一起。网络层的认证是不可缺少的，其业务层的认证机制不再是必需的，可根据业务的提供者和业务的安全敏感程度来设计。

当物联网的业务由运营商提供时，应使用网络层认证，而无须进行业务层的认证；当物联网的业务由第三方提供，且无法从网络运营商处获得密钥等安全参数时，它就可以发起独立的业务认证，而不用考虑网络层的认证；当业务是敏感业务，如金融类业务，一般业务提供者会不信任网络层的安全级别，而使用更高级别的安全保护，那么这时就需要做业务层的认证；当业务是普通业务时，如气温采集业务等，业务提供者认为网络认证已经足够，就不再需要业务层的认证。

（三）物联网的立法保护

物联网是一项具有变革意义的技术，它将改变人们现有的生产生活方式。随着物联网应用的广泛深入，亟须制定和完善相关法律法规，对其进行有效规范，以保障其顺利发展。在现有基础上，需要重点关注以下三个方面：一是"智能物体"行为的责任认定；二是物联网个人信息采集、存储、利用的法律规定；三是打击物联网网络犯罪相关的法律规定。

1."智能物体"行为的责任认定

由于物联网"智能物体"大都是采用自治或受控的方式，因此在法律上需要解决"智能物体"行为的责任承担问题，即"智能物体"由于软硬件故障、被破坏或非法控制后等情况下的行为责任认定。例如，失控的"智能物体"引起了交通事故，造成财产损失或者致他人伤亡，该行为的责任如何认定。

2.物联网个人信息采集、存储、利用的法律规定

1980年，经济合作与发展组织（OECD）发布了《关于隐私保护与个人数据越境流通指南》，确定了8项具有广泛影响力的个人信息保护原则：收集限制原则、数据完整正确原则、目的明确化原则、利用限制原则、安全保

护原则、公开原则、个人参与原则、责任原则。

我国以 OECD 原则为蓝本，结合国际和立法经验，制定物联网信息采集、存储、利用的法律法规：第一，物联网个人信息采集应直接向该个体采集，并告知采集目的，个人有权决定是否允许采集，法律有特别规定的除外；第二，在物联网环境下，采集个人信息时，必须有明确而合理的目的，其后个人信息的提供、利用不能与最初的收集目的相抵触，除非经本人同意或者法律有特别规定；第三，物联网个人信息采集机构应提供足够安全的措施，保障所采集的个人信息存储的安全性，避免被非法利用、修改或者外泄等；第四，在物联网环境下，对个人信息的采集、存储、利用和提供的程序，原则上要保持公开；第五，个人有权向物联网个人信息采集机构确认是否保留有与自己有关的个人隐私资料，有权提出查阅与其相关隐私信息的请求，物联网个人信息采集机构不得拒绝其请求，有法律特别规定的除外；第六，个人对通过物联网采集的有关自己的资料可以提出异议，当异议成立时，可以对资料进行删除、修改、补充和完善等；第七，物联网采集的个人隐私数据保存不能超过必要的时间长度；第八，重要的物联网"数据海"应由政府、公立机构或具有公信力的行业机构控制，同时应加大监管力度；第九，被允许使用物联网技术采集、存储、利用个人隐私信息的机构，其行为必须是可审计的。

3. 打击物联网网络犯罪相关的法律规定

在已有的打击网络攻击等犯罪行为的相关法律法规基础上，进一步制定和完善处置物联网黑客入侵、物联网病毒编制与传播、通过物联网入侵个人隐私空间等犯罪行为的法律规定，积极铲除物联网网络犯罪背后的黑色产业链。

第三节　移动互联网及其安全

移动互联网（mobile internet, MI）是以宽带为核心的，可同时提供语音、图像、多媒体等服务的新一代网络。随着移动网络用户不断增多，移动智能终端（如智能手机、平板电脑、电子书、MID 等）应用迅速发展。然而，移动互联网及其应用的安全威胁也开始显现，移动互联网的安全问题也开始被人们重视。

一、移动网络应用现状

移动互联网是一种通过智能移动终端，采用移动无线通信方式获取业务和服务的新网络，包含终端、软件和应用 3 个层面。终端层：智能手机、平板电脑、电子书、MID 等。软件层：操作系统、中间件、数据库和安全软件等。应用层：休闲娱乐类、工具媒体类、商务财经类等不同应用与服务。随着技术和产业的发展，长期演进（LTE）和进场通信（NFC）也将纳入移动互联网的范畴。其中 LTE 使用正交频分复用（OFDM）的射频接收技术，同时支援频分双工（FDD）和时分双工（TDD）。

2021 年 11 月 16 日，中华人民共和国工业和信息化部（简称"工信部"）发布《"十四五"信息通信行业发展规划》，并召开新闻发布会介绍有关情况。会上，工信部信息通信发展司司长谢存表示，我国目前已建成 5G 基站超过 115 万个，占全球 70% 以上，是全球规模最大、技术最先进的 5G 独立组网网络。5G 网络作为第五代移动通信网络，其峰值理论传输速度可达 20 Gbps，比 4G 网络的传输速度快 10 倍以上。

目前全球移动用户已超过 15 亿，互联网用户也已逾 7 亿。中国移动通信用户总数超过 3.6 亿，互联网用户总数则超过 1 亿。人们对移动性和信息的需求急剧上升。移动互联网正逐渐渗透人们生活、工作的各个领域，短信、移动音乐、手机游戏、视频应用、手机支付、位置服务等移动互联网应用迅猛发展。

（一）移动互联网终端高速增长

《中国移动互联网发展报告（2022）》显示，2021 年全年，国内智能手机出货量 3.43 亿部，同比增长 15.9%；可穿戴设备出货量近 1.4 亿台，同比增长 25.4%；蓝牙耳机市场出货量约为 1.2 亿台，同比增长 21.1%。5G 手机出货量占比近 80%。2021 年，5G 手机出货量 2.66 亿部，同比增长 63.5%，占同期手机出货量的 75.9%。新型移动终端发展潜力巨大。截至 2021 年底，全国无人机实名登记系统注册无人机数量共计 83 万架，较 2020 年增加 44.9%；我国工业机器人出货量达 25.6 万台，同比增长 49.5%；VR 头显出货量达 365 万台，同比增长 13.5%。

(二) 移动应用程序分发量增长

移动应用程序（App）总量下降。截至 2021 年 12 月，国内市场上监测到的 App 数量为 252 万款，较 2020 年 12 月减少 93 万款。游戏应用程序以 70.9 万款的数量位列第一。

游戏、日常工具、音乐视频应用下载量居前三。截至 2021 年底，我国第三方应用商店在架应用分发总量达到 21 072 亿次，同比增长 31%。游戏类移动应用的下载量居首位，达 3 314 亿次；其次为日常工具类、音乐视频类、社交通信类。截至 2021 年 11 月，5G 行业应用创新案例超 10 000 个，覆盖工业、医疗、车联网、教育等 20 多个国民经济行业，近 50% 的 5G 应用实现了商业落地。

(三) 应用商店数量多，处于无序状态

除操作系统官方应用外，还有很多非官方应用商店，如终端制造商应用商店、电信运营商应用商店、第三方应用商店等，同质化严重，处于无序状态。在移动互联网行业中，与传统 PC 有较大区别的就是应用商店。从苹果发布 App Store 开始，到后来谷歌和微软推出的 Google Play 与 Marketplace，移动互联网中的应用程序通过应用商店下载。Android 的开放性使得 Android 平台下的第三方商店数量增多。

对应用商店可按照操作系统划分。Android 操作系统平台至少有 18 个具有一定规模的应用商店，iOS 操作系统平台有 9 个应用商店，Windows Phone 系统平台有 5 个。这些数据也从侧面反映了各操作系统的占有率和增长态势。

在以上手机操作系统中，Android 的应用商店数量最多，这和其庞大的用户量和系统开放性有关。其次是 iOS 系统的应用商店，这也和智能手机终端操作系统的占比相吻合。

(四)应用软件类型复杂

移动互联网应用程序类型众多,如系统工具类、娱乐类、学习类、游戏类、资讯类、通信类等。在 iOS 官方应用商店、Android 第三方商店中,游戏类软件仍然是占据着极大的比例,其次是生活类软件,学习类软件、系统工具类软件和娱乐类软件分别排在后三位,但在两种系统中的占比和排位各不相同。Android 和 iOS 两种操作系统中的应用类别是有一些区别的:系统工具类、娱乐类和游戏类软件占比是 Android 系统高于 iOS 系统,而实用工具类、生活类和学习类的软件,则是 iOS 系统占比高于 Android 系统。

二、移动网络安全问题与对策

传统移动网络比较安全,其安全优势明显。然而,随着移动网络与互联网的融合,其凸显了许多新的安全问题,传统移动网络的安全性优势已不再存在。一是原先信息的传播是一点到多点,二次传播较为困难,所以容易控制。而互联网时代信息已经是病毒性的传播,即从一点传播,很快进行多点发散,信息高速、大范围传播。二是安全性更加复杂。在互联网时代智能手机随时随地携带且一直在线,容易暴露人们的隐私,产生安全隐患,如泄露用户及其朋友的电话号码、短信信息、存在手机中的图片和视频等。更为复杂的是,智能手机的 GPS 定位功能,使用户可能被跟踪,而智能手机的电子支付、远程支付的密码泄露,近场支付安全隐患,使智能手机正在成为"手雷",给社会生活的安全带来巨大的威胁。

(一)网络安全问题

移动与互联网相互融合,互联网的其他安全问题仍然存在,如网络安全扁平化、分布式将成为网络的演进方向,P2P 等分布式技术将被广泛应用在网络构建中,其安全问题需要深入研究。

(二)终端安全问题

终端安全问题将更加普遍,终端易被攻击和控制。

（三）业务安全问题

位置信息、彩信、短信等移动互联网服务及移动互联网用户信息的安全问题令人不安。

4G及5G安全性的相关技术在不断发展，如双向认证技术、加长密钥长度为128位的新加密技术、完整性保护技术、防重放技术等。当然，终端智能化、业务多样化、传输高速化的发展，也使得各种安全隐患逐渐增多，如终端智能化，引入新的攻击能力，业务不断丰富，流程的漏洞也在增多。

移动网络与互联网的融合导致传统移动网络的安全性优势大幅减小，只剩下鉴权严格和行为可溯源这两种安全优势。为此，移动互联网应采取以下四个方面的安全对策。

第一，用户对网络透明。要抓住"可鉴权，可溯源"的技术优势，降低各种安全威胁，提高网络的整体安全强度。

第二，关注网络自身安全。要对用户不透明，对用户隐藏网络拓扑，使一般用户无法对网络节点发起攻击。

第三，保护终端安全。对于智能终端的安全要重点保护，因为智能终端的操作系统可能存在安全漏洞，在浏览网页、下载安装软件时，手机可能感染病毒或遭到入侵。黑客有可能在手机病毒防护、可信终端安全架构、手机操作系统漏洞等方面实施攻击。而有些病毒很难发现，只有用户拿到账单的时候才会发现，如彩铃业务，用户的手机被别人订购了彩铃，但用户无从察觉。

第四，业务的安全保护。互联网应用大幅增加后，通信端更不可信。可能引发病毒感染、木马等一系列攻击。为此，应对服务提供方进行严格认证。

三、移动网络业务安全

如上所述，移动互联网在移动终端、接入网络、应用服务、安全与隐私保护等方面还面临着挑战，相关安全威胁开始逐渐显现。恶意软件伪装成正常应用软件，在用户下载安装且不知情的情况下，进行恶意扣费、系统破坏、隐私窃取、访问不良信息等，给用户带来经济损失和安全问题。近年来，国家网络信息安全技术研究所（NINIS）专门成立了软件安全评估中心，开展移动互联网应用安全检测与评估业务工作，对移动互联网应用进行安全监测。

按照应用程序的威胁程度，应用程序行为可分为两大类：恶意行为和敏感行为。其中，恶意行为指明确带有恶意目的，并且会对系统和用户利益造成直接侵害的行为；敏感行为是指存在一定风险，但不能直接被确认为恶意的行为。部分含有敏感行为的应用程序，可能对用户的利益造成间接的影响，又称为"灰色应用程序"。

敏感行为主要包括得到设备 ID、位置信息、SIM 卡、自动发送短信、自动连接网络、访问应用商店、创建快捷方式、自动连接 WiFi、得到网络类型、自动开启蓝牙、自动搜索蓝牙设备等。

四、应用行为案例分析

移动互联网应用业务存在许多安全威胁，本部分选取 4 个实例作为案例。

(一) 一键 VPN

所属类别：恶意行为。在一款名为"一键 VPN"的软件中，存在 KungFu 病毒。感染 KungFu 病毒的手机会自动在后台利用系统漏洞静默获取 root 权限，释放安装它所指定的应用程序并接收控制命令。其释放安装的软件名称通常为 Google Update，以此来迷惑用户。当手机感染此病毒后使用常规安全软件无法彻底清除，甚至将手机恢复至出厂设置也不行。

(二) 通话王

所属类别：敏感行为。一款名为"通话王"的软件，在用户不知情的情况下，会向某手机号码发送设备标识和地区标识，属于用户隐私信息的窃取行为。自动发送短信不仅消耗了用户的通信费用，而且设备标识和地区标识等信息的泄露，可能导致用户受到垃圾短信和垃圾电话的骚扰。

(三) 国考大师

所属类别：敏感行为。一款名为"国考大师"的软件会向某手机号码发送软件的注册信息，如用户的用户名、密码等敏感信息，会对用户的个人隐私和信息安全造成严重威胁。一些用户为了便于记忆，在各个网站注册时有使用同一个用户名和密码的习惯，不法分子可能利用得到的用户注册信息，尝试破解用户的其他重要账户，甚至是与财产密切相关的网银和第三方支付账户，对用户的信息安全和财产安全造成严重的潜在危害。值得注意的是，在"机锋市场"和"App China 应用汇"中，存在同名但不同区域的数个版本，其中 5 款应用程序不发送信息至固定号码，而另外 9 款应用程序存在此敏感行为。

（四）OK 健康

所属类别：敏感行为。一款名为"OK 健康"的软件会将用户填写的健康数据，通过短信方式发送到某手机号码。用户健康信息作为用户的个人隐私，应受到严格的保护。泄露的健康信息会被不法分子利用或者非法传播，严重危害用户的个人信息安全。一些与健康相关的不良机构还可能利用这类信息，向用户发送垃圾短信和拨打骚扰电话。

第四节　云计算与云安全

云计算是一种以资源聚合及虚拟化、应用服务和专业化、按需供给和灵便使用的计算模式，能提供高效、低耗的计算与数据服务，支撑各类信息化应用。随着大数据时代的到来，面对全球日益增长的海量数据，云计算提供了解决问题的有效办法。云安全是云计算在安全领域的应用，是服务器端的保护。下面对云计算与云安全做简要介绍。

一、云计算

（一）云计算概述

云计算是分布式计算、并行计算、网格计算、效用计算、网络存储、虚拟化、负载均衡等计算机技术相互融合的产物，它是基于互联网的新型计算方式，也是一种超大规模分布式计算技术。通过该种方式，共享的软硬件资源和信息可按需求提供给计算机和其他设备。典型的云计算提供通用的网络业务应用，通过浏览器等软件或者其他 Web 服务进行访问，而软件和数据都存储在服务器（数据中心）上。

云计算是基于互联网相关服务的增加、使用和交付模式，涉及通过互联网来提供动态易扩展且经常是虚拟化的资源。"云"是网络、互联网的一种比喻说法，也用来表示抽象的互联网和底层基础设施。狭义的云计算是指 IT 基础设施的交付和使用模式，是指通过网络以按需、易扩展的方式获得所需资源；广义的云计算是指服务的交付和使用模式，是指通过网络以按需、易扩展的方式获得所需的服务。

云计算的基本原理是把计算分布在大量的分布式计算机上，而非本地计算机或远程服务器，使用户能够将资源切换到需要的应用上，根据需求访问计算机和存储系统，即计算能力也可作为商品流通，就像煤气和水电一样，取用方便。不过它是通过互联网进行传输的。云计算是各大搜索引擎及浏览器数据收集、处理的核心计算方式。用户可通过已有的网络将所需的、庞大的计算处理程序，自动分拆成无数个较小的子程序，再交由多台服务器组成的更庞大的系统，经搜寻、计算、分析之后，将处理的结果回传给用户。

现在谷歌（Google）、IBM、微软、雅虎、亚马逊（Amazon）等 IT 巨头都构建有自己的云计算平台（数据存储与数据计算中心），云计算的特点如下。

第一，安全。云计算提供了最可靠、最安全的数据存储中心。

第二，方便。它对用户端的设备要求低，使用方便。

第三，数据共享。云计算能实现不同设备间的数据与应用共享。

第四，有强大的计算功能。云计算是一种分布式计算，其云端的计算机集群和海量存储具有强大的计算能力。

根据美国国家标准和技术研究院的定义，云计算服务具备以下特征。

第一，随需应变，自助服务。

第二，随时随地用任何网络设备访问。

第三，多人共享资源池。

第四，快速重新部署灵活度。

第五，可被监控与量测的服务。

第六，基于虚拟化技术快速部署资源或获得服务。

第七，减少用户终端的处理负担。

第八，降低用户对 IT 专业知识的依赖。

(二) 云计算的服务模式

1. 软件即服务 (SaaS)

这种服务模式的云计算通过浏览器把程序传给用户，用户能够访问服务软件及数据。服务提供者则维护基础设施及平台，以维持服务正常运作。用户使用应用程序，但并不掌控操作系统、硬件或运作的网络基础架构。SaaS 也称作 "随选软件"，它基于使用时数来收费，有时也采用订阅制的服务。SaaS 将硬件、软件维护及支持服务外包给服务提供者，以此降低 IT 费用。SaaS 节省了在服务器和软件授权上的开支，在人力资源管理程序和企业资源计划 (ERP) 中较为常用。

SaaS 软件服务供应商以租赁的形式提供客户服务，而非购买，比较常见的模式是提供一组账户密码，如 Microsoft CRM 与 Salesforce.com。另外，在 SaaS 服务模式中应用程序集中供应，更新可实时发布，无须用户手动更新。SaaS 的不足是用户的数据存放在服务提供者的服务器中，使服务提供者可能对这些数据进行未经授权的访问。

2. 平台即服务 (PaaS)

这种模式把提供开发环境作为一种服务，使用中间商的设备开发程序，并通过互联网和服务器传输给用户。使用者使用主机操作应用程序，掌控运作应用程序的环境 (也拥有主机部分掌控权)，但并不掌控操作系统、硬件或运作的网络基础架构。平台是应用程序基础架构，如 Google App Engine。

3. 基础架构即服务 (IaaS)

用户使用 "基础计算资源"，如处理能力、存储空间、网络组件或中间件。使用者能掌控操作系统、存储空间、已部署的应用程序及网络组件 (如防火墙、负载平衡器等)，但并不掌控云基础架构，如 Amazon AWS 和 Rack space。

4. 实用计算

这种云计算构造虚拟的数据中心，使其能够把内存、I/O 设备、存储和计算能力集中成一个虚拟的资源池，为整个网络提供服务。

(三) 云计算的应用

目前，云计算技术在网络服务中已经广泛应用，如搜寻引擎、网络信箱等，使用者只要输入简单指令即可获得大量信息。云计算可用于资料搜寻及为用户提供计算技术、数据分析等服务。云计算使人们用 PC 和网络就可在数秒之内处理数以千万计甚至数以亿计的信息，得到和"超级计算机"同样强大的网络服务，获得更多、更复杂的信息计算帮助，如分析 DNA 的结构、基因图谱排序、解析癌细胞等。

云计算最大的用户是物联网，物联网通过传感器采集到难以计数的数据量，而云计算能够对这些海量数据进行智能处理。云计算是实现物联网的核心，物联网将大量的网络传感器嵌入现实世界的各种设备，如移动电话、智能手表、汽车和工业机器等，用来感知、创造并交换数据，传感网络带来了大量的数据，而云计算为物联网所产生的海量数据提供了存储空间，并能进行实时在线处理。特别是通过云计算衍生出新的概念——云存储，通过集群应用、网格技术或分布式文件系统等功能，将网络中大量各种不同类型的存储设备，通过应用软件集成协同工作，共同对外提供数据存储和业务访问功能。

云计算可运用于对物联网中各类物品实施实时的动态管理和智能分析，它为物联网提供了可用、便捷、按需的网络访问。反之，如果没有云计算，物联网产生的海量信息将无法传输、处理和应用。也就是说，云计算融合物联网推动了数据价值的挖掘。

另外，云计算促进物联网和互联网的智能融合，可应用于构建智慧城市。智慧城市的建设从技术角度来看，要求通过以移动技术为代表的物联网、云计算等新一代信息技术应用，实现全面感知、互联及融合应用。如医疗、交通、安保等产业均需要后台巨大的数据中心支持，而云计算中心可提供这种支持，数据的分析与处理等工作都将放到后台进行，使云计算中心成为智慧城市重要的基础设施。

国内应用云计算的一个实例就是中国电信。中国电信较早成立了专门的云计算公司，并将整个云计算产品和服务分为基础资源、平台应用和解决方案 3 大类，每个大类中均有细分产品对外提供服务，包括云主机、云网络、云存储、云数据库、云应用及云加速等，针对政府、企业、互联网和个人客户，均推出了符合其需求的服务。例如，天翼云主机基于中国电信云资源池，提供多种规格的计算、存储、网络等资源服务，同时提供安全可靠的文件级及系统级的云备份服务，并通过网络按需快速建立和释放计算资源，以对大量数据进行有效分析和管理，从而更快速、更精准地满足客户要求，实现资源管理效率的提升。

二、云安全

云安全是指将云计算概念应用在安全领域。云安全融合并行处理、网格计算、未知病毒行为判断等技术，通过网状的大量客户端对网络中软件行为的异常进行监测，获取互联网中木马、恶意程序的最新信息，推送到服务器端进行自动分析和处理，再把病毒和木马的解决方案分发到每一个客户端。云安全技术是 P2P 技术、网格技术、云计算技术等分布式计算技术综合发展的结果。

云安全技术通过大量探针将经过处理的结果上报，其结果与探针的数量、存活及病毒处理的速度有关。传统的上报方式是手工上报，速度慢，而云安全系统在几秒内就能自动完成，速度快。在理想状态下，盗号木马从攻击某台电脑开始，到整个云安全网络对其拥有免疫、查杀能力，仅需几秒的时间。

（一）云安全技术的应用

云安全的概念提出后，其发展速度极快。瑞星、趋势科技、卡巴斯基、McAfee、SYMANTEC、江民科技、熊猫公司（Panda）、金山、360 安全卫士等都推出了云安全解决方案。趋势科技在全球建立了五大数据中心，几万部在线服务器。云安全支持平均每天 55 亿条点击查询，每天收集分析 2.5 亿个样本，第一次命中率就能达到 99%。面对日益增多的恶意程序，靠传统的特征库识别法既费时又无法有效处理。应用云安全技术后，识别和查杀病毒不再仅仅依靠本地硬盘中的病毒特征库，而是依靠庞大的网络用户服务，实时进行采集、分析及处理，把整个互联网变成一个巨大的"杀毒软件"，参与的用户越多，用户就越安全，进而使整个互联网也越安全。下面以 3 种采用云安全概念和在其中集成有云安全功能的软件为例，介绍云安全技术的应用。

1. 熊猫云杀毒软件（Panda Cloud Antivirus）

这是熊猫公司（Panda）推出的一种云安全软件，该软件采用了双向升级技术。其技术原理是每个熊猫杀毒软件会自动提取用户端发现的可疑程序，上传到云服务器端，由安全厂商在云服务器端对其进行分析处理，然后把处理结果实时推送到用户端。这样，每台安装了熊猫软件的 PC 在享受着云安全保护的同时，也成为熊猫云安全体系的一部分。

这种"云安全"软件，其客户端较为简单，重点突出后端云安全服务器的作用。其双向升级技术不仅可以保护 PC 的安全，还将用户的 PC 变成了云安全网络的一部分，通过云安全网络来提高保护质量，还能降低用户对资源的占用。不足的是，它对国内某些小工具软件会误报。

2. 卡巴斯基

卡巴斯基在其产品中也引入了云安全技术。其中，利用云安全技术采集恶意代码的功能，叫作"卡巴斯基安全网络"，该功能可以把可疑文件和病毒报告传回卡巴斯基实验室，缩短对安全威胁的响应时间。卡巴斯基安全网络这个功能完善了云安全环境下的恶意代码采集工作，有效缩短了对安全威胁的响应时间。软件中还增加了"安全免疫区"，保护程序运行安全。安全免疫区介于行为监控技术与云安全技术之间。

3. 趋势科技

趋势科技在 2009 年推出了云安全 1.0，对全球网址和邮件服务器及文件进行信誉评估，也可采用可疑文件自动上报技术，完成恶意代码采集工作，实现了文件信誉技术（FRT）、Web 信誉技术（WRT）和邮件信誉技术（ERT）等，从网关上阻止 Web 威胁。云安全 1.0 不仅利用客户端，还利用自身开发的代理，对整个互联网进行恶意代码收集工作，其工作效率和有效性要高于其他在客户端进行恶意代码采集的技术。

云安全 2.0 增加了文件信誉技术和多协议关联分析技术的应用，让文件信誉技术与 Web 信誉技术、邮件信誉技术实现关联互动，完成了从网关到终端的整体防护。这 3 种信誉服务之间可以相互交流信息，如发现钓鱼邮件，该邮件中链接网址的信息将被传送到 Web 信誉数据库，如果被判定为恶意网页，则会被记录在 Web 信誉数据库中。若在此网页中发现恶意文件，此信息将会传送到文件信誉数据库。

一旦发现恶意内容，软件立即将相关来源或文件记录在数据库中，将各种网络威胁的信息记录到数据库中，在用户实际遭受网络威胁之前，就为系统部署安全防护策略。在软件的安装过程中会提示是否加入"趋势全球病毒实时监控计划"，这也是云安全中恶意软件的终端采集方式之一。

进入趋势防毒墙的控制界面后，可看到云安全扫描的功能。使用时首先在本地扫描安全风险，如果扫描期间无法确定文件的风险，它将连接到云安全服务器，由云安全服务器实时判断文件是否为恶意软件。同时，云服务器又有两种类型：一种是内部客户端连接到本地云安全服务器；另一种是外部客户端连接到互联网云安全服务器，以此来分解用户请求的网络流量，优化服务效果。

另外，文件信誉功能和多协议关联分析也是通过"云安全扫描"完成的。趋势科技网络版中还集成了 Web 信誉功能，使用该功能，不仅能通过 Web 安全数据库检查用户尝试访问的 Web 站点信誉，还允许网管和个人用户添加信任的网站。

(二) 云安全需解决的问题

建立云安全系统，需要解决以下 4 个问题。

1. 需要海量的客户端 (云安全探针)

只有拥有海量的客户端，才能对互联网上出现的恶意程序、危险网站等有快速的反应能力。反应快，才能实现当有用户中毒时或用户访问挂马网页时在第一时间做出响应。

2. 需要专业的反病毒技术和经验

探测到恶意程序后，应在尽量短的时间内进行分析，这就需要"云"具有过硬的反病毒技术，否则容易造成样本的堆积，使云安全快速探测的结果打折。

3. 需要大量的资金和技术投入

云安全系统在服务器、带宽等硬件方面需要大量的投入，同时要求拥有过硬的技术团队和充足的研究经费。

4.需要开放的系统，允许合作伙伴的加入

"云"是个开放的系统，其探针可与其他软件兼容，即使用户使用不同的杀毒软件，也可以享用云安全系统带来的好处。

三、云计算和云安全的区别

云计算是分布处理、并行处理及网格计算的一种发展，并发、分布是云计算的关键，而云安全是将云计算的理念应用在安全领域。将用户与杀毒厂商技术平台通过互联网紧密相连，组成一个庞大的木马/恶意软件监测、查杀网络，每个用户都为云安全提供数据，同时分享其他所有用户的安全成果。将云计算应用在安全领域，具有创新性和实用性。但离实现真正意义上的云安全还有一定距离，主要原因如下。

第一，实现云计算的关键在于如何将一个任务进行有效分解，并将各个子任务分配到处于不同地域的服务器上进行处理。云计算不仅需要有相应的软件支撑，还要求负责维护的厂商有海量数据并发处理技术，而从目前来看，安全厂商在大规模、并发运行计算等方面缺乏技术。

第二，对病毒/木马等的监测和查杀方式，并没有带来实质性的变化，差异在于如何利用云计算大规模并发处理方面的能力。

结 束 语

伴随着我国高新技术的不断深化发展，计算机技术作为21世纪应用最为广泛的高新技术也在各行各业得到了长足发展。在这样的时代趋势下，计算机技术对社会发展的影响开始越来越受到各界人士的广泛关注和热烈讨论。鉴于此，本书围绕"计算机技术应用及创新发展"这一主题，系统地阐述了以下内容：

（1）计算机技术。计算机产生的动力是人们想要发明一种可以进行科学计算的机器，因此它被称为计算机。本书系统地阐述了计算机网络技术、数控技术、通信技术、图形技术。

（2）计算机技术在教育行业的应用创新。在网络信息时代全面到来的背景下，计算机网络技术在我国得到快速发展和普及。在此环境下，我国教育结构和教学方式也发生很大变化，计算机技术在课堂教育中的应用越来越普遍，正因为有计算机技术的融入，当前我国课堂教学内容越来越丰富，教学方式日益多元化，以增加课堂教学趣味性和活力，改变传统教师"一言堂"的枯燥教学理念和方式。计算机技术在教育领域的应用，有助于教学重难点的解决，对于我国教育事业的发展具有重要推动作用。本书系统地阐述了计算机虚拟现实技术在高校体育教育中的应用、计算机物联网技术在中职英语教学中的应用，论述了计算机技术在艺术设计专业教学、生物技术教学、高校语文教育中的应用。

（3）计算机技术在医疗行业的应用。目前，计算机技术已被广泛应用在医疗领域，为医疗工作带来了诸多便利，改善了人们的医疗环境。总体来讲，计算机技术在医疗应用的发展表现出了良好的势头，但是应用体系建设还不够完善，未来计算机技术在医疗应用还将拥有更广阔的发展空间。本书阐述了计算机技术在医疗机构药品安全性监测中、医疗设备管理方面、医疗服务优化方面、医学信息处理中的应用。

（4）计算机技术在农业现代化中的应用。在计算机技术应用日益成熟环境下，通过发挥技术优势，为当前推动农业产业化、现代化发展做出了有效探索和有益尝试。因此，综合农业现代化发展要求，探索计算机技术的具体应用策略，具有极为重要的现实意义。本书重点论述了计算机技术在农业节水灌溉中的应用、计算机与 PLC 一体化控制技术在农业智能化生产中的应用、计算机技术在农业机械管理中的应用、计算机技术在农业经济管理中的应用机制、农业生产中计算机视觉与模式识别技术应用。

（5）人工智能技术应用。随着全球信息化技术的不断提高，我国信息化建设力度也越来越大，计算机信息化水平和互联网及其应用系统已经逐步进入我国各个行业，在计算机信息技术取得了长足的发展的同时，人工智能技术的应用也得到充分的提升。本书论述了人工智能技术进步对劳动力就业的替代影响、人工智能技术在轨道交通中的应用、基于人工智能技术的光通信网络应用。

（6）新型网络安全技术。随着"新技术、新产业、新业态、新模式"为代表的"四新经济"的发展，新型网络犯罪开始出现，主要有网络诈骗、网络黄赌毒、暗网、非法虚拟货币等。新型网络安全风险具有海量多元化、隐蔽虚拟化、异构复杂化、信息智能化的特征，打击难度大。本书探究了信息隐藏及相关技术、物联网及其安全、移动互联网及其安全、云计算与云安全。

随着信息化技术和全球化趋势的不断冲击，我国经济发展和社会运行都受到了计算机相关技术的深入影响。为了能够更好地结合计算机技术为社会整体发展步入新阶段提供更加充足的动力来源，相关计算机技术人员应当进一步提升自身的技术创新理念，通过结合国内外先进的计算机技术应用思路作为整体工作的理论基础，同时深入了解国内各行业领域内的实际需求，最终实现计算机技术对社会发展的进一步深化影响，也为进一步提升居民日常生活水平起到积极的促进作用。

参 考 文 献

[1] 张耀军，刘卫，侯雷.计算机技术及应用 [M].天津：天津科学技术出版社，2014.

[2] 陈雪蓉.计算机网络技术及应用 [M].3 版.北京：高等教育出版社，2020.

[3] 温爱华，刘立圆.计算机与信息技术应用 [M].天津：天津科学技术出版社，2020.

[4] 吴婷.现代计算机网络技术与应用研究 [M].长春：吉林科学技术出版社，2021.

[5] 张福潭，宋斌，陈芬.计算机信息安全与网络技术应用 [M].沈阳：辽海出版社，2020.

[6] 金瑛浩.计算机虚拟现实技术研究与应用 [M].延吉：延边大学出版社，2020.

[7] 双锴.计算机视觉 [M].北京：北京邮电大学出版社，2020.

[8] 顾德英，罗云林，马淑华.计算机控制技术 [M].4 版.北京：北京邮电大学出版社，2020.

[9] 鹿晓丹.从物联网到人工智能（上）[M].杭州：浙江大学出版社，2020.

[10] 张际平.计算机与教育：新技术、新媒体的教育应用与实践创新 [M].厦门：厦门大学出版社，2012.

[11] 何留杰，郑迎凤，张新豪.计算机程序与应用创新 [M].郑州：郑州大学出版社，2018.

[12] 郭长金，姚映龙，籍宇.计算机应用理论与创新研究 [M].长春：吉林大学出版社，2018.

[13] 孙锋申，丁元刚，曾际.人工智能与计算机教学研究 [M].长春：吉林人民出版社，2020.

[14] 方约翰.游戏人工智能：计算机游戏中的人工智能 [M].李睿凡，郭燕慧，吴昕，译.北京：北京邮电大学出版社，2007.

[15] 高金锋，魏长宝.人工智能与计算机基础 [M].成都：电子科技大学出版社，2020.

[16] 王志远.基于计算机视觉的实时多类别车辆检测技术研究 [D].上海：上海师范大学，2021.

[17] 张涵彧.基于计算机辅助作曲的无载体信息隐藏技术研究 [D].北京：北京邮电大学，2020.

[18] 赵倩楠.基于计算机视觉的手势识别技术的研究 [D].大连：大连理工大学，2020.

[19] 鲍金歌.基于计算机辅助技术的孤独症儿童语言能力评估研究 [D].武汉：华中师范大学，2020.

[20] 孔祥玲，付经伦.基于计算机视觉的三维重建技术在燃气轮机行业的应用及展望 [J].发电技术，2021，42(04)：454-463.

[21] 赵恒，王宁宁.计算机信息处理技术在大数据时代的应用 [J].中国信息化，2021(07)：114-115.

[22] 王九玲.计算机技术在教育教学管理中的应用研究 [J].科技风，2021(20)：56-57.

[23] 何芳.计算机应用技术的智慧教学实践分析 [J].电子技术，2021，50(07)：208-209.

[24] 张春山.人工智能在计算机网络技术中的应用 [J].中国科技信息，2021(14)：41，43.

[25] 曹剑侠，张云.计算机远程网络通讯技术的应用 [J].网络安全技术与应用，2021(07)：17-18.

[26] 萧欣茵.局域网环境下计算机网络安全技术应用分析 [J].网络安全技术与应用，2021(07)：168-169.

[27] 刘洪江.云计算技术在计算机数据处理中的应用 [J].食品研究与开发，2021，42(13)：237.

[28] 甘凯.人工智能在大数据时代人计算机网络技术中的应用 [J].电子测试，2021(13)：90-91，89.

[29] 王安云.论"互联网+"对农业经济发展的推动作用[J].山西农经，2021(12)：65-66.

[30] 王杰华，洪丽芳，许锦丽，等.基于物联网的智慧农业管理系统设计[J].湖北农业科学，2021，60(10)：133-136.

[31] 刘斌，李玮，王钧，等.计算机信息技术在现代农业发展中的应用[J].南方农机，2021，52(08)：57-59，75.

[32] 陈姗.计算机图像处理技术及其在农业工程中的应用[J].南方农机，2021，52(06)：8-9.

[33] 李永志，李巨.现代农业机械中计算机智能化技术的运用分析[J].农业技术与装备，2021(03)：99-100.

[34] 杨涛，李晓晓.机器视觉技术在现代农业生产中的研究进展[J].中国农机化学报，2021，42(03)：171-181.

[35] 秦文君.计算机技术在农业节水灌溉中的应用[J].广东蚕业，2021，55(03)：89-90.

[36] 兰天，李端玲，张忠海，等.智能农业除草机器人研究现状与趋势分析[J].计算机测量与控制，2021，29(05)：1-7.

[37] 刘绪军.基于计算机网络系统的未来农业愿景[J].中国果树，2021(02)：114.

[38] 刘馥，于文强.计算机辅助技术在农业机械设计中的应用[J].南方农机，2020，51(24)：42，50-51.

[39] 吴越.浅析智能化技术在农业机械中的应用与发展[J].南方农机，2020，51(23)：78-79.

[40] 李东洋，谢琳.基于计算机视觉的农业自动化技术研究[J].农村实用技术，2020(12)：19-20.